江西省教育厅科学技术研究项目：构建多模智慧党建办事大厅的研究，编号（GJJ191213）；"互联网+"时代高校智慧党建平台的构建及应用，编号（GJJ2202511）。

大数据与云计算技术

蒋欣欣　孔婷　◉　著

U0318410

湘潭大学出版社
XIANGTAN UNIVERSITY PRESS

前　言

随着科技的飞速发展，大数据与云计算已经成为当今时代的两大核心驱动力。本书致力于深入探讨这两个领域的互动与结合，以及它们在推动科技进步和社会发展中的关键作用。

大数据时代的到来，使得数据的种类、数量和处理速度都得到了前所未有的增长。在这个信息爆炸的时代，大数据已经成为各行各业决策的重要依据。与此同时，云计算技术的崛起，也为大数据的处理、存储和分析提供了强大的支持。

云计算是一种灵活、高效、弹性的计算模式，它允许用户按需使用、按量计费。在大数据应用中，云计算能够提供低成本、高效率的处理能力，同时保证数据的安全性和隐私性。因此，云计算在大数据应用中具有显著的优势。

大数据与云计算两者的结合，使得我们可以更有效地处理海量数据、实时分析数据、应用数据驱动决策。这种结合不仅能推动科技进步，也在金融、医疗、教育等众多领域展现出巨大的潜力。

展望未来，随着技术的进步和应用的深化，大数据与云计算的协同发展趋势将更加明显。政策制定者需要关注这两个领域的协同发展，以推动科技进步和应用创新。同时，企业和研究机构也需要进一步加大投入，以应对大数据和云计算带来的挑战和机遇。

  本书对大数据与云计算技术进行了全面的探讨和研究,希望通过本书的阅读,读者能对大数据与云计算的重要性和发展趋势有更深入的理解。同时,著者也期待未来有更多的学者和研究人员投身于大数据与云计算的研究和应用中,以推动科技的持续进步和社会的发展。由于著者能力有限,书中定有不足和遗漏之处,恳请读者朋友批评指正,以便将来做进一步的修订。

著 者

2023 年 11 月

目　录

第1章　大数据与云计算技术概述 ……………………………………… 1

1.1　大数据技术的诞生及发展 …………………………………… 1

1.2　了解大数据技术 ……………………………………………… 5

1.3　大数据技术的架构分析 ……………………………………… 20

1.4　大数据技术在不同行业的应用 ……………………………… 24

1.5　大数据技术面临的挑战及未来发展 ………………………… 31

1.6　云计算技术的诞生及发展 …………………………………… 34

1.7　了解云计算技术 ……………………………………………… 36

1.8　云计算技术的架构分析 ……………………………………… 47

1.9　云计算技术在不同行业的应用 ……………………………… 51

1.10　云计算技术面临的挑战及未来发展 ………………………… 66

第2章　大数据与云计算的关系 ………………………………………… 69

2.1　大数据与云计算关系的初步认识 …………………………… 69

2.2　大数据与云计算的融合是认识世界的新工具 ……………… 73

2.3　大数据与云计算互相成就 …………………………………… 76

第3章　大数据关键技术及其应用 ……………………………………… 78

3.1　大数据技术的总体框架概述 …………………………………… 78

3.2　大数据存储技术 ………………………………………………… 81

3.3　大数据处理与计算技术 ………………………………………… 92

3.4　大数据分析技术 ………………………………………………… 104

第4章　云计算关键技术及其应用 ……………………………………… 126

4.1　虚拟化技术 ……………………………………………………… 126

4.2　数据存储技术 …………………………………………………… 141

4.3　资源管理技术 …………………………………………………… 148

4.4　集成一体化技术 ………………………………………………… 153

4.5　集成自动化技术 ………………………………………………… 155

第5章　大数据与云计算的安全问题 …………………………………… 158

5.1　大数据技术面临的安全问题 …………………………………… 158

5.2　云计算技术面临的安全问题 …………………………………… 166

第6章　大数据与云计算技术的发展应用 ……………………………… 177

6.1　大数据与云计算技术发展趋势概述 …………………………… 177

6.2　大数据与云计算在通信行业中的应用 ………………………… 181

6.3　大数据与云计算在电商营销中的应用 ………………………… 187

6.4　大数据与云计算在智慧校园中的应用 ………………………… 191

6.5　大数据与云计算在智慧城市建设中的应用 …………………… 196

参考文献 …………………………………………………………………… 205

第1章 大数据与云计算技术概述

随着移动互联网技术、物联网技术及自动数据采集技术等技术的快速发展及广泛应用，人们面临着前所未有的海量数据，并且数据量呈现爆炸式增长。在这个日新月异发展的社会中，人们发现未知领域的规律主要依赖抽样数据、局部数据和片面数据，甚至在无法获得实证数据时只能纯粹依赖经验、理论和假设去认识世界。然而大数据时代的来临，使得人类拥有了更多的机会和条件在各个领域更为深入地获得以及使用全面数据、完整数据和系统数据，并能以此为契机深入探索现实世界的规律。

1.1 大数据技术的诞生及发展

大数据技术涉及对大规模、多样化数据集的管理、存储、处理、分析和应用，采用诸如数据挖掘、机器学习、自然语言处理、分布式存储和计算等多种技术和方法。大数据技术已经成为计算机科学和商业领域的焦点课题，并引起了广泛的关注和应用。本节将对大数据技术的起源和发展进行概述。

1.1.1 大数据的来源

大数据一词的诞生可以追溯到 1980 年，当时被誉为"第三次浪潮的华彩乐章①"。这个时期，大数据的定义和范围并没有像今天那样明确，但正是在这个时代，人们开始意识到数据量的急剧增加将带来新的挑战和机遇。本节将介绍大数据的起源，并追溯到一些关键的开源项目，如 Apache org 的 Nutch，以及随后由谷歌（Google）推出的 MapReduce 和 Google File System（GFS）等，这些都是大数据概念逐渐演变的关键驱动力。

Nutch 作为大数据发展历程中的重要开端，最初是 Apache org 的一个开源项目，旨在更新网络搜索索引。这个项目的独特之处在于，它被要求进行批量处理和分析大量的数据集。在当时，这种大规模数据的处理需求主要集中在网络搜索引擎等领域。Nutch 的出现使得处理庞大数据集的方式得以初步探索，也为后来大数据概念的形成奠定了基础。

随着时间的推移，谷歌的 MapReduce 和 GFS 的发布更是推动了大数据概念的演变。MapReduce 提供了一种分布式数据处理模型，使得处理大规模数据集变得更为高效。而 GFS 则为存储大规模数据提供了可靠而高效的解决方案。这两个项目的成功应用，标志着大数据不仅仅是关于数据量的问题，还包括对数据处理速度的需求。

大数据的主要数据来源涵盖了信息管理系统、网络信息系统、物联网系统和科学实验系统等多个领域。信息管理系统是企业内部使用的系统，主要生成结构化数据，包括各类业务数据、交易记录等。网络信息系统，如电子商务系统、社交网络和搜索引擎，产生的数据则主要是半结构化或无结构化的，涵盖了用户行为、社交关系等方面。物联网系统通过连接各种物品与互联网，实现对这些物品的智能化识别、定位、跟踪和监控，为大数据提供了海量的实时数据。科学实验系统主要用于学术科学研究，通过真实实验或模拟的方式获取仿真数据，为科研提供了丰富的实验数据。

---

① 1980 年，著名未来学家托夫勒在其所著的《第三次浪潮》中将"大数据"称颂为"第三次浪潮的华彩乐章"。

·这些系统为大数据的发展提供了丰富的数据源，也促使人们对大数据的定义逐渐扩展。大数据不仅仅是关于数据的规模，更包括了对数据的多样性、实时性和复杂性的需求。信息管理系统提供了大规模结构化数据的基础。网络信息系统则强调了对半结构化和无结构化数据的处理能力。物联网系统的出现使得大数据不仅仅是批处理的问题，更需要实时处理能力。科学实验系统则为大数据提供了更为复杂和多样的数据类型，拓展了大数据的研究领域。

总体而言，大数据的起源和发展经历了多个阶段。从 Nutch 项目的初探，到 MapReduce 和 GFS 的推动，再到各种信息系统的涌现，大数据逐渐成为一个跨学科的领域，涵盖了计算机科学、信息技术、数据管理等多个方面。同时，大数据的定义也在不断演进，从最初的关注数据规模，到后来对数据多样性、实时性和复杂性的关注。在不断探索和发展的过程中，大数据正引领着人类走向更加数字化和智能化的未来。

1.1.2　大数据的发展历程

在 20 世纪 90 年代后期，气象学家、物理学家和生物学家因巨大的科学数据量而遭遇前所未有的挑战。传统计算技术在面对庞大的科学数据时显得力不从心，无法高效完成相关的任务。为了解决这一难题，他们提出了大数据的概念，标志着人类开始正视并主动迎接数据爆炸时代的到来。为了应对科学数据获取、存储、搜索、共享和分析的技术挑战，新的分布式计算技术迅速崭露头角，为大数据的崛起奠定了技术基础。

随着互联网和电子商务在 2008 年迅速崛起，大型公司如雅虎和谷歌纷纷应用大数据理念和技术来解决业务问题。在面对海量、多样和高速的数据流时，传统的数据处理方法已经显得力不从心。因此，新的大数据技术和架构应运而生，以满足互联网数据处理中的实际需求。这一时期，大数据的发展开始呈现多样化和快速创新的趋势，不仅仅满足科学研究的需求，更成为企业解决复杂业务问题的得力工具。

进入 2010 年代，社交网络和移动互联网的普及推动了互联网数据的急速增长，物联网技术的广泛应用带来了更多实时获取的数据，全球数据量呈指数级增长。2011 年，麦肯锡发布的大数据研究报告引起了商业界的广泛关注，大数据不再仅仅是科学家和计算机专业人士关注的话题，而是逐渐渗透到商业决策的层面，成为企业成功的关键因素之一。

2012 年，奥巴马政府宣布启动"大数据研究和发展计划"，投资 2 亿美元，强调大数据技术对国家安全和科学研究的关键作用。[①] 这一举措不仅在政府层面推动了大数据技术的应用，也为大数据研究和创新提供了资金支持。同时，联合国和世界经济论坛分别发布大数据白皮书和报告，强调大数据对国际发展的影响，并呼吁各国共同利用大数据带来的机遇。这标志着大数据已经超越国界，成为全球合作和共享知识的催化剂。

自 2012 年以来，大数据成为全球投资界最热门的领域之一。IBM 公司通过收购数据仓库厂商 Netezza、软件厂商 InfoSphere BigInsights 和 InfoSphere Streams 等来增强大数据处理实力；EMC 公司陆续收购 Greenplum（Pivotal）、VMWare、Isilo 等公司，布局大数据和云计算产业；惠普公司通过并购 3PAR、Autonomy、Vertica 等公司实现了大数据产业链的全覆盖。主要信息技术巨头纷纷推出大数据产品和服务，争夺市场先机。

同样是 2012 年，国内互联网企业和运营商率先展开大数据技术的研发和应用，包括新浪、淘宝、百度、腾讯、中国移动、中国联通、京东商城等企业纷纷启动大数据试点应用项目，推动大数据应用。

2013 年，《求是》杂志第 4 期刊登了中国工程院邬贺铨院士的《大数据时代的机遇与挑战》一文，该文阐述了中国科技界对大数据的高度重视。此外，郭华东、李国杰、倪光南、怀进鹏等院士也纷纷发表文章，深入阐述了大数据的战略意义。

工信部信息化和软件服务业司前司长陈伟表示，"大数据在我们国家，正在成为推动经济增长，促进经济转型、结构调整的一种重要力量。更重要的是它释放出的潜在的价值和间接的经济效应是巨大的，大数据的基础性、战

---

① 资料来源：专家解读大数据时代的美国经验与启示，人民网，2013 年 5 月 21 日，http：//theory. people. com. cn/n/2013/0521/c112851-21551972-2. html。

略性、先导性的特征清晰显现"。① 这充分显示出产业主管部门对大数据发展的高度关注。

总的来说，大数据的兴起始于 20 世纪 90 年代后期，随着科学研究和商业应用的需求，大数据技术逐渐发展并在全球范围内受到广泛关注。从科学领域的气象学、物理学、生物学到商业领域的互联网和电子商务，大数据技术都为处理庞大、多样、高速流动的数据提供了解决方案。国际机构如麦肯锡、联合国和世界经济论坛纷纷发表报告，阐述大数据的经济和社会影响。在全球范围内，政府、企业和学术界都积极投入大量资源，推动大数据技术的研究、发展和应用。

1.2　了解大数据技术

当今信息技术迅猛发展，大数据技术已然成为推动现代社会发展的重要动力之一。大数据渐渐演变为人们探索信息空间、挖掘新知识、创造新价值的不可或缺的工具。各行各业纷纷将"大数据"视为推动自身发展的战略要素。大数据技术的应用范围也不再局限于传统的 Web 挖掘、搜索等领域，而是向城市管理等多领域扩展，满足了更为广泛的应用需求，创造了更多社会价值。本节将简要概述大数据的概念、特征，以及需要解决的核心问题和其发挥的作用。

1.2.1　大数据的基本概念

大数据的定义和特征是一个多层次而复杂的话题。首先，不同机构对大数据的定义呈现出一定的差异。麦肯锡、IDC、亚马逊（Amazon）等领先的机构提供了各自独特的大数据定义，但它们都强调了一些关键特征。麦肯锡关注于数据集规模、流转速度、多样性和数据价值，强调大数据的本质是不

① 资料来源：工信部：将采取多种举措推动大数据产业健康发展，人民网，2015 年 09 月 10 日，http：//politics. people. com. cn/n/2015/0910/c70731-27568877. html。

断增长和不断变化的。IDC 注重于"大、快、多、准"的四个维度，即数据的规模庞大、处理速度快、种类多样、质量高。亚马逊提到了大数据的"三个 Vs"，即 Volume（规模）、Velocity（速度）、Variety（多样性），并强调了数据的价值。这些定义不仅仅聚焦于数据规模的问题，还包括了数据的多样性、实时性和价值。

在这些定义中，大数据的容量标准并非仅仅指特定字节值以上的数据，而是可变的。随着技术的不断发展，符合大数据标准的数据集容量会不断增长。这反映了大数据的本质是一个动态的概念，其标准受到技术进步和社会需求变化的影响。因此，对大数据的定义需要具有灵活性和适应性，以适应不断增长和变化的数据环境。

全球数据量的急剧增长趋势进一步印证了大数据的挑战。根据国家互联网信息办公室发布的《数字中国发展报告（2022 年）》，2022 年全球数据产量达 77.14 ZB，这使得解决大数据带来的挑战成为全球面临的问题。不同行业在面对这一挑战时，展现出各自的特点和需求。

在科研领域，大数据的应用为科学家提供了更为广泛和深入的数据资源，促进了跨学科研究和创新。通过对大规模数据的分析，科研人员可以发现隐藏在数据背后的规律和趋势，推动科学研究取得更为深刻的成果。然而，随之而来的挑战是如何有效地处理和分析如此庞大和复杂的数据，这需要先进的计算技术和数据管理方法的支持。

在医疗领域，大数据的应用为个性化医疗、药物研发和疾病预测提供了新的可能。通过分析大规模的医疗数据，可以更准确地了解患者的病情和治疗效果，为医生提供个性化的诊疗方案。然而，医疗数据涉及隐私和安全的问题，如何在保障患者隐私的前提下合理利用大数据成为一个需要解决的难题。

在能源领域，大数据的应用可以帮助实现智能能源管理，提高能源利用效率。通过对能源生产、传输和消费的数据进行分析，可以实现对能源系统的实时监控和优化调度。然而，能源领域的数据涉及多个环节，如何将这些数据整合并进行有效的分析，仍然是一个需要克服的挑战。

在商业领域，大数据的应用已经成为企业决策和市场营销的重要工具。通过分析客户行为、市场趋势等大量数据，企业可以做出更准确的决策，提高市场竞争力。然而，企业面临的挑战是如何从庞大的数据中提取有用的信息，并将其转化为实际业务价值。

在政府管理和城市建设领域，大数据的应用为城市智能化管理提供了新的思路。通过监控城市运行的各个方面，政府可以更好地了解城市的运行状态，提高公共服务水平。然而，城市数据的多样性和复杂性使得如何有效整合和利用这些数据成为一个亟待解决的问题。

综合而言，大数据的定义和特征在不同机构之间存在一定的差异，但都强调了其复杂性和多样性。全球数据量的急剧增长趋势使得解决大数据带来的挑战成为全球关注的问题。在科研、医疗、能源、商业、政府管理和城市建设等领域，大数据的应用都呈现出各自的特点和需求，同时也面临着如何有效处理、分析和利用庞大数据集的挑战。在未来，随着技术的不断发展和创新，大数据将继续在各个领域发挥重要作用，推动社会的数字化转型。

举几个大家熟悉的例子：2014 年 11 月 19 日，百度在京召开"百度云两周年媒体沟通会"，正式宣布百度云总用户数突破两亿，百度云数据存储量达 5 EB，这些数据足以塞满 3.4 亿部 16 GB 内存的 iPhone6，如果将这些手机首尾相连，可以在地球和月球之间搭建 16 条星际通道。①

2014 年 3 月 7 日，在阿里巴巴对外开放的数据峰会"2014 西湖品学大数据峰会"上，阿里巴巴大数据负责人披露了阿里巴巴当时的数据储存情况：在阿里巴巴数据平台事业部的服务器上，攒下了超过 100 PB 已处理过的数据，等于 104 857 600 GB，相当于 4 万个西雅图中央图书馆，580 亿本藏书。②仅淘宝和天猫两家子公司每日新增的数据量，就足以让一个人连续不断看上

---

① 资料来源：百度云总用户数破 2 亿 移动发展全面超 PC，51CTO，2014 年 11 月 20 日，https：//www. 51cto. com/article/457528. html。

② 资料来源：在阿里召集的数据群英会上，数据先锋们都怎么看"大数据"，虎嗅，2014 年 3 月 8 日，https：//www. huxiu. com/article/29273. html。

28 年的电影。而如果将一个人作为服务器，则此人处理的数据量相当于每秒钟看 837 集的《来自星星的你》。

在 2013 年的数据大会上，腾讯公司数据平台总经理助理蒋杰透露，腾讯 QQ 目前拥有 8 亿用户、4 亿移动用户，在数据仓库存储的数据量单机群数量已达到 4 400 台，总存储数据量经压缩处理后约为 100 PB，并且这一数据还在以日增 200~300 TB、月增加率为 10%的速度增长。[①]

1993 年，《纽约客》刊登了一幅漫画，标题是"互联网上，没有人知道你是一条狗"，如图 1.1 所示。据说作者彼得·施泰纳因为此漫画的重印而赚取了超过 5 万美元。当时关注互联网社会学的一些专家，甚至担忧"计算机异性扮装"而引发的社会问题。

"On the Internet, nobody knows you're a dog."

图 1.1　漫画《互联网上，没有人知道你是一条狗》

20 多年后，互联网发生了巨大的变化，移动互联、社交网络、电子商务大大拓展了互联网的疆界和应用领域。人们在享受便利的同时，也无偿贡献了自己的"行踪"。现在互联网不但知道对面是一条狗，还知道这条狗喜欢什

---

① 资料来源：腾讯数据平台部助理总经理蒋杰：大数据在腾讯，网易，2013 年 12 月 5 日，https：//www. 163. com/tech/article/9FBGCJ0B00094OB0. html。

么食物、几点出去遛弯、几点回窝睡觉。人们不得不接受这个现实，在大数据时代，每个人在互联网都是透明存在的。

1.2.2　大数据的特征

大数据的基本特征包括四个方面，即四 V 特性：Variety（数据种类多）、Volume（数据规模大）、Value（数据价值密度低）和 Velocity（数据要求处理速度快）。这些特性是大数据与传统数据的根本区别。大数据并非简单的指海量数据，它不仅强调数据庞大的量，更体现了数据的快速时间特性与复杂形式，以及对数据的处理分析等专业化处理，并且包含了获得价值信息的能力。

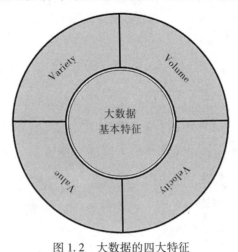

图 1.2　大数据的四大特征

1. 数据量大

根据 IDC 的定义，至少要有超过 100 TB 的可供分析的数据才能称得上是大数据，可见，大数据的数据量是非常庞大的，这也是大数据的基本属性。随着互联网的深入发展，参与的机构、组织、企业和个人激增，数据的分享与获取变得更加便捷，加上计算机技术的快速发展，使得海量的数据得以快速储存与处理，大数据由此产生。

除此之外，数据量大导致人们处理数据的方法和理念需要发生根本的改变。早期，由于人们获取、分析数据的能力，对事物的认知存在一定的局限，通常采用抽样的方式来研究实务对象，利用具有代表性的样本来反映事物的全貌。无论事物如何繁杂，采样后数据量变小，就能够利用传统的统计手段对数据进行管理和分析，当中最为核心的问题就是如何做到正确抽样，只有正确抽样，数据才具备代表性，分析的结果才能准确反映整体的属性。随着信息技术的快速发展，抽样往往难以做到科学合理，一些领域更是无法以样本来描述总体，还有一些领域的抽样样本数量已经逼近原始的总体数量。因此，当前更倾向于对所有数据进行集中处理而不是采样。通过对所有的数据进行分析处理，可以有效提高结果的精确性，也能通过更多细节来反映事物的属性，这就使得人们不得不面临着对大数据进行处理的难题。

2. 数据类型多样

传统数据处理主要依赖于结构化数据。结构化数据是按照预定义的模型和规范进行组织的，其中每个数据元素都具有确定的属性和关系。这种数据形式适用于关系数据库等传统数据存储和处理方法，通过结构化查询语言（Structured Query Language，SQL）等查询语言能够高效地进行检索和分析。然而，随着互联网的发展，非结构化数据在数据海量中逐渐崭露头角。非结构化数据包括文本、图像、音频、视频等形式，其缺乏明确的结构和关系，从而增加了数据存储和处理的难度。

数据类型的多元化意味着需要更灵活的处理手段。从文本挖掘到图像识别，从语音分析到视频处理，大数据处理需要更多样的技术支持。非结构化数据的多样性不仅体现在数据的形式上，还表现在数据来源的广泛性和时效性上。这种多样性使得大数据处理更具挑战性，但也为业务和科研提供了更为丰富的信息资源。

总体而言，大数据的特性在数据类型上发生了显著变化。据国际数据公司（IDC）预测，2018年到2025年之间，全球产生的数据量将会从33 ZB增长到175 ZB，复合增长率达到27%，其中超过80%的数据都会是处理难度较大的非结构化数据。大数据时代中，数据类型的多样性对数据处理提出了新的挑战，需要更灵活、更多样的技术手段。

3. 数据价值密度低

价值密度的高低与数据总量的大小成反比。大数据追求完整的事物细节，保留原始数据，但非结构化数据的价值密度相对较低。在大数据背景下，通过强大算法迅速提取数据价值成为挑战。大数据价值主要在于从各种不相关数据中挖掘未来趋势，发现新规律。高效算法和技术是将庞大数据中的信息提炼出实际价值的关键。这也是大数据时代算法和数据分析技术发展至关重要的推动力之一。

以视频为例，一段 1 h 的视频，在连续不断的监控中，有用数据可能仅有一二秒。如何通过强大的机器算法更迅速地完成数据的价值"提纯"成为目前大数据背景下亟待解决的难题。

4. 数据处理速度快

大数据与传统海量数据处理的关键差异之一在于处理速度的显著提升。随着传感器和互联网络技术的飞速发展，数据的生成和传递变得更为便捷，导致数据规模呈爆炸性增长。这使得对数据处理速度的要求变得更为迫切，尤其是对于实时产生的数据。大数据以数据流的形式产生，流动迅速，瞬息万变，而用户对数据的响应时间变得极为敏感。因此，大数据应用通常需要在瞬间内形成结果，保持快速、持续的实时处理能力。这一点与传统海量数据处理技术形成了明显的对比，突显了大数据时代在处理速度方面的重大突破。

在数据源方面，大数据时代通过分布式计算、分布式文件系统、分布式数据库等技术，能够对多个数据源获取的数据进行整合处理。传统时代由于技术限制，数据来源相对孤立，难以进行有效地整合。而在大数据时代，数据可以从多个渠道汇聚而来，通过高效的处理方式进行集成，形成更全面、全局的数据视图，为深度分析提供了更为可靠的基础。

值得一提的是，大数据时代的数据处理方式更加灵活。根据应用需求，可以调整处理方式，包括批处理和流处理，以满足不同应用场景的要求。这种灵活性是大数据时代的显著特点，与传统时代较为固定的数据处理方式形成鲜明对比。大数据时代的灵活处理方式使得系统能够更好地适应不同类型和规模的数据处理任务，提高了系统的适应性和应用范围。

综合而言，大数据时代与传统海量数据处理的关键差异之一在于处理速度的显著提升。大数据以数据流的形式产生、流动、消失，用户对实时性的要求非常高。传统的批处理方式逐渐无法满足这一需求，大数据时代的数据流处理技术应运而生，弥补了这一瓶颈。同时，在数据源以及数据处理方式上的变革，使得大数据时代能够更全面、更快速地获取、整合和处理数据，为业务和科研提供了更为丰富和深入的信息资源。

1.2.3　大数据技术的影响

现今，大数据技术已经融入我们生活的方方面面，下面将从不同层面来分析大数据产生的影响。

1. 经济层面

以零售业为例，在大数据时代之前，整个行业主要由线下零售主导，而线上零售仅仅是购物方式的额外选择。然而，大数据时代的崛起催生了数字经济的繁荣，线下零售业受到强烈冲击。共享经济和平台经济的兴起更进一步推动了线上零售业的蓬勃发展，使其成为当前零售业的主导趋势。

另一个典型的大数据时代经济模式是共享经济，它通过整合物资供人使用，提高资源利用效率，并以较低的成本让使用者享受服务。共享单车是一个明显例子，用户可以方便地租借自行车，简单地扫码即可完成整个过程。共享会议室是另一个例子，为需要临时使用会议室的人提供了方便的选择。这种模式的发展使人们的生活更加便捷，为社会注入了新的活力。

平台经济是大数据时代另一个重要的经济模式，它在各种平台上进行经济活动，提供了真实或虚拟的交易场所。例如，拼多多是一个购物 APP，通过拼单购物模式，为用户提供了更实惠的选择。这种模式使得经济活动更具灵活性，符合不同用户的需求。

此外，大数据可以对人们的行为和情绪进行细致测量，通过挖掘用户行为和喜好从而提供精准的产品和服务，比如抖音、淘宝等平台上的推送，会根据用户所浏览过的视频或商品，进行相关的推送。

2. 企业层面

国际一些知名企业充分认识到大数据技术对业务经营的重要性，比如全球著名的零售商沃尔玛公司，原来需要 5 d 的时间处理超过 100 万次的客户交易，借助大数据技术之后其分析用时仅为 1h，极大地提高了企业的生产效率。再比如 Facebook 公司，在借助大数据技术之后可以在一个星期内实现对 400 亿张照片的处理，而如果在以前，则需要花上 10 年的时间，这使 Facebook 公司在市场竞争中处于领先地位。

大数据技术不仅对科研组织和企业组织的研究和生产有着极大的价值，而且还催生出新的商机、新的领域和新的岗位。一些 IT 企业专门成立了面向企业提供大数据管理和分析服务的公司，并着重培养大数据分析师。比如甲骨文、IBM、微软和 SAP，这些著名的 IT 企业都投入巨资成立了软件智能数据管理和分析的专业公司。根据美国大数据咨询机构 DATAVERSITY 预测，大数据行业自身市场规模将超过 1 000 亿美元，并且还将以每年近 10% 的速度增长。

大数据的影响力除了经济方面的，还包括政治、文化等方面。大数据可以帮助人们开启循"数"管理的模式，这也是当下"大社会"的集中体现。"三分云计算技术，七分分布式管理，十二分大数据"将是未来企业的信息系统建设的指导思想，而那些善于使用数据的企业将赢得未来。

3. 生活层面

随着大数据时代的来临，大数据已经渗透到我们的日常生活的方方面面，为我们的生活提供了极大的便利。购物不再需要亲自前往实体店，登录电商网站就能轻松了解各商品及其评价；美食不再需要外出探索，外卖平台提供丰富美食，并且送货上门，节省了精力与时间；打车不再担心招不准时间或打不到车，打车平台实时显示司机距离，方便叫车。

大数据的应用也在各个方面为我们的安全提供更强有力的保障。智慧社区整合社区服务资源，利用互联网和监控设备记录外来人员，更好地处理异常情况，保障生活便捷与安全。在医疗方面，智能手环能实时监测个人健康，记录心率、步数、卡路里等数据，帮助规划运动方案，对健康管理尤为重要。机器人问诊技术利用大数据提供准确的治疗方案，减轻医生工作负担，方便患者的身体检查。在教育方面，大数据促进个性化学习，分析学生的优势与不足，提供适合的学习方案，帮助学生进步。在旅游方面，大数据为人们提供了更好的选择旅游景点的方式，通过网上介绍和游客评测，优化出行体验，并实时了解路况。大数据的广泛应用使我们的生活更加智能、便捷、安全。

1.2.4　国内外大数据技术的发展

自 21 世纪初以来，每年数字数据呈指数增长。互联网、社交网络、移动设备以及通过信用卡进行的交易导致数字数据流量增加，信息丰富，世界实质上充满了信息。据了解，2021 年全球数据储量达 54 ZB，同比增长22.73%，预计 2024 年全球数据储量将达到 80 ZB。

大数据作为战略资源引起了许多国家和国际组织的关注。因此，大数据已被科学界、商业协会和一些国家的政府机构视为战略资源，已经得到政府在该领域解决问题的大力支持。换句话说，大数据的研究和应用已经成为提高国家竞争力的必要条件。由于大数据的重要性和价值，许多国家已经启动了与大数据相关的研究和应用的计划或倡议。让我们回顾一些国家在大数据研究和应用方面的战略。

1. 国外大数据技术的发展

（1）美国大数据研究与发展计划

大数据已经被美国政府视为战略资源，这个领域的问题被高度重视。甚至，已经从研究和改进阶段跨越到高效技术的生产和应用阶段。早在 2012 年3 月，奥巴马政府启动了总投资超过 2 亿美元的大数据研究与发展计划。该计划涉及六个联邦政府机构，分别是国防部（DoD）、国防高级研究计划局（DARPA）、能源部（DoE）、国立卫生研究院（NIH）、国家科学基金会（NSF）和美国地质调查局（USGS）。该计划旨在研究大数据研究的新基础设施和方法，以极大地促进从大数据中获取知识的工具和技术，同时提高利用大数据进行科学发现的能力。它旨在开发收集、存储、管理、分析和共享大规模数据的核心技术，并利用这些技术加速科学和工程领域的发现速度。

为了充分利用这一机会，白宫科学与技术政策办公室（OSTP）创建了大数据研究与发展计划，以实现以下目标。

◈ 开发收集、存储、管理、分析和共享大规模数据的核心技术。

◈ 利用这些技术加速科学和工程领域的发现速度，加强国家安全，彻底改变教育和学习模式。

◈ 大力培养开发和使用大数据技术的新人才，为培养下一代数据科学家和工程师做准备，特别是培养分析员从任何语言的文本中提取信息的能力。

具体而言，它侧重于以下应用领域：健康、环境与可持续性、紧急响应和灾害韧性、制造业、机器人技术和智能系统、安全的网络空间、交通和能源、教育以及劳动力发展。

2019 年 12 月 23 日，美国白宫行政管理和预算办公室（Office of Management and Budget，OMB）发布《联邦数据战略》（Federal Data Strategy，FDS）及配套的 2020 年行动计划。FDS 以 2020 年为起点描述了联邦政府在未来 10 年政府数据开放和共享的方向。该战略让政府、工业界、学术界以及非营利组织共同参与，充分利用大数据所创造的机会，挖掘其巨大的潜力。

（2）英国的大数据服务战略

英国的大数据服务战略主要致力于提供数据，以在研究、经济和政策方面产生积极的外部性。具体而言，他们专注于重复使用现有数据集以支持政策、生成新见解并影响政策辩论。英国的开放数据政策已经度过了初创阶段，关注的焦点扩大到包括数据质量在内。英国数据服务由英国经济和社会研究理事会（ESRC）资助，这是英国政府的主要研究资助机构。

英国是在大数据政策制定方面的先驱之一，包括调整法律框架以促进大数据应用的发展。关于大数据的政策倡议和辩论正在进行。在 2013 年 1 月，英国政府宣布了一项 1.89 亿英镑的大数据计划。[①] 该计划旨在推动商业企业和研究机构在利用大数据方面的新机会。它进一步通过资金和政策支持在医学、农业、商业、学术研究等领域发展大数据。

2022 年 6 月，英国政府发布了新版《英国数字战略》。[②] 新版《英国数字战略》明确了英国未来发展数字经济的六大支柱：构建世界级的数字基础设施、激发创意和保护知识产权、吸引全球的数字经济人才、为数字化发展提供资金支持、通过数字化提升整个英国的商业与社会服务能力、提高英国在数字经济领域的国际地位。

（3）法国的大数据政策

在 2013 年 2 月 28 日举行的数字经济政府研讨会上，法国总理提出了政府对这一行业的路线图。该路线图围绕三个支柱展开。

❈ 让数字经济成为年轻一代的机会。

❈ 通过数字经济增强法国企业的竞争力。

❈ 在数字社会和经济中宣扬我们的价值观。

2013 年，《新工业法国》报告将大数据列为法国工业翻新的 34 个主要项目之一。作为新工业法国战略的一部分，法国于 2014 年 7 月通过了一项大数据计划，其中包括三个行动方向。

❈ 在法国发展大数据生态系统。

❈ 大数据的部门倡议，这包括公共和私营部门的项目。

❈ 法规评估，这包括隐私法规。

---

① 资料来源：英国 2020《国家数据战略》与世界各国对比解析，网易，2020 年 11 年 3 日，https://www.163.com/dy/article/FQHBB0EF0538EXRY.html。

② 资料来源：英国更新《英国数字战略》发展数字经济的 6 个关键领域，搜狐，2022 年 8 年 5 日，https://www.sohu.com/a/574503549_478183。

大数据引起了法国大公司（如 Cap Gemini 或 Airbus）的兴趣。一些公司投资了大数据和云计算的基础设施，一些公司（如 Apicube 或 Critéo）提供了定向营销等专业服务。

2021 年 9 月 24 日，法国高等教育、研究与创新部（MESRI）发布《大数据、算法和源代码政策：2021—2024 路线图》，以期提高本国高等教育、科学研究和技术创新大数据结构化、标准化、流通、开放、再利用的水平，统筹多元海量大数据管理与监管。其中设定了五个阶段性目标：一是发展和整合与大数据开放、共享与再利用相关的各类门户平台；二是促使大数据成为法国和欧洲实现技术独立与自主的重要组成部分；三是培育大数据文化，将大数据学习纳入到高等教育、科学研究和行政管理人员继续教育和在职培训体系中；四是促使大数据成为人人共同保管、负责以及造福社会发展的共同财富（无形资产）；五是提高法国高等教育、科学研究和技术创新大数据、算法和源代码的国际知名度。

（4）澳大利亚公共服务大数据战略

2012 年 9 月，澳大利亚发布了《澳大利亚公共服务信息与通信技术战略 2012—2015》①，强调了以下几点目标。

◈ 通过增强政府机构的数据分析能力，从而促进更好的服务传递和更科学的政策制定。

◈ 制定有针对性和协调性的 ICT 投资策略，共享资源和服务，可以使投资效益最大化。

◈ 随着政府信息获取和可用性得到改善，澳大利亚公共服务会变得更加透明和开放。

此外，该战略提出了两个持续进行的项目：制定信息资产登记册、监测大数据分析的技术进展。

---

① 资料来源：国家战略下的地方大数据规划比较研究，中共中央市委党校，2018 年 7 月 16 日，http://www.zsswdx.gov.cn/kydt/5372.html。

2013 年 8 月，澳大利亚发布了《公共服务大数据战略》。该战略旨在通过利用大数据分析促进公共部门的服务改革，制定更好的公共政策，并保护公民的隐私，从而使澳大利亚在大数据领域成为世界领先国家。

2014 年 3 月，澳大利亚发布了《大数据最佳实践指南》，该指南提供了关于建立大数据能力的业务需求、实施方法、信息管理和大数据项目管理的指导。

2022 年 2 月，澳大利亚洛伊国际政策研究所（Lowy Institute）发布《大数据与国家安全：澳大利亚决策者指南》报告，指出大数据推动经济社会创新发展，同时也在加剧国家安全威胁。当前正值维护地区安全的关键时刻，澳大利亚需要了解和应对大数据相关威胁，并且利用大数据等新兴技术以获取战略优势。

（5）日本的大数据政策

日本于 2012 年通过了电子政务开放数据战略，以促进透明度。该战略的目的是采取措施鼓励使用公共数据，并广泛实施，以提高生活水平、激发商业活动，为日本社会和经济的整体发展作出贡献。

在日本，大数据市场受到几个驱动因素、制约因素和机会的影响。该市场的关键因素包括社交媒体应用的增加。过渡信息量的增长也是加速日本大数据市场的驱动因素。此外，来自各种来源的实时信息的蔓延——网络、日志文件、手持设备（移动设备）、传感器等，为大数据创造了充分的机会。

2021 年 6 月，日本宣布了国家数据战略（NDS），这是日本第一个全面的数据战略，旨在为建立数字社会奠定基础。这一战略的基本价值是"建成以市民为中心并兼顾效率和信任的社会"，而这一价值将通过"实现经济发展和解决社会问题以创造新价值"的以人为本的社会来体现，并将通过数字孪生技术来实现。为了实施这一战略，日本于 2021 年 9 月成立了数字厅，旨在迅速且重点推进数字社会进程。

（6）韩国的大数据政策

根据韩国科学技术信息通信部及韩国数据产业振兴院公布的《2022 年数

据产业现况》显示，2021 年，韩国数据产业市场规模为 22.9 万亿韩元，2022年，其预测值为 25.5 万亿韩元。① 韩国第四次工业革命委员会主席张炳奎表示："政府的数据政策不符合时代变化，阻碍了第四次工业革命的传播。需要在数据使用方面发生范式转变，以增强新兴大数据行业的竞争力。"据韩国科学和信息通信技术部（MSIT）宣称，韩国各部门将培育大数据专业中心，以产业生成和收集原始数据。

2. 国内数据技术的发展

我国大数据行业主要经历了以下几个阶段。

（1）萌芽期（2010 年—2012 年）

出现早期大数据相关技术和工具，如数据库、数据仓库、商业智能（Business Intelligence，BI）套件等，开始得到广泛熟悉和应用。行业企业致力于为客户提供报表分析等服务，以辅助企业的经营决策。这一发展趋势主要集中在互联网、金融、电信等行业。

（2）成长初期（2013 年—2015 年）

2014 年，政府工作报告首次提及大数据，紧接着在 2015 年的大数据行动纲要中明确指出"数据已成为国家基础性战略资源"。党的十八届五中全会更进一步提出"实施国家大数据战略"，将大数据正式纳入国家战略，标志着数据技术时代的到来。大数据作为新兴数字产业开始迅速发展。此时，大数据平台、标签库等数据分析挖掘工具和平台开始涌现。行业企业着重为客户提供决策分析、搜索推荐、A/B Test、用户画像等服务。这一趋势的主要应用领域包括互联网、金融、电信等行业，电力行业也开始逐渐应用大数据。

（3）快速发展期（2016 年—2019 年）

推动大数据战略实施已成为国家"十三五"规划和十九大报告中的共同呼声，其目标是促进大数据与实体经济的深度融合。在此背景下，行业企业

---

① 资料来源：调查：韩国数据市场规模突破 25 万亿韩元，东方财富网，2023 年 04 月 19 日，https://finance.eastmoney.com/a/202304192696331274.html。

开始关注大数据技术的创新和应用，大数据分析挖掘技术迅速发展，相关解决方案也呈现多元化发展趋势。数据可视化、BI、用户画像等数据分析挖掘及应用产品和服务日益丰富，同时，组件化工具的特点得到突出，数据中台的应用也逐渐展开。通过这些产品，行业企业为客户提供诊断性、预测性分析和决策支持等服务，为各行业企业的数据价值化和数字化运营提供有力助力，下游应用领域逐步拓展。

（4）高质量发展期（2020年至今）

2020年，"十四五"大数据产业发展规划等政策明确提出要加快培育数据要素市场，强调数据要素的重要地位，并迅速推动数据要素市场化建设，使大数据行业进入"集成创新、快速发展、深度应用、结构优化"的高质量发展阶段。[①] 市场对数据采集、数据处理、数据存储、数据分析挖掘、数据应用等软硬件产品的需求持续旺盛。在这一背景下，行业企业致力于为客户提供各种服务，包括预测性分析、决策指导性分析，以及自主与持续性分析，以实现决策与行动的最优化。大数据分析深入到互联网、政府、金融、电信、工业、健康医疗、电力等各行各业，预示着未来市场持续旺盛的大数据分析需求。

我国大数据行业近年来取得了迅猛的发展。根据赛迪顾问的统计数据，我国的大数据市场规模从2019年的619.7亿元增长至2021年的863.1亿元，复合年增长率达到18.0%。[②] 大数据市场规模包括了相关硬件、软件和服务市场的收入。未来，大数据行业在数字化创新驱动和融合带动方面将进一步发挥作用，其应用范围也将扩大，致使大数据市场保持持续快速的增长态势。

1.3 大数据技术的架构分析

大数据技术有赖于各类基础设施支持，底层计算资源支撑着上层的大数

[①] 资料来源：新规划发布，勾勒出大数据产业未来五年发展蓝图，搜狐，2021年12月3日，https://it.sohu.com/a/505305476_ 121118712。

[②] 资料来源：2019~2021年中国大数据市场预测与展望数据，赛迪智库（公众号），2019年12月10日。

据处理。底层主要是数据采集、数据存储阶段，上层则是大数据的计算、处理、挖掘、分析和数据可视化等阶段。

1.3.1　各类基础设施的支持

为了进行大数据处理，必须依赖拥有大规模物理资源的云数据中心以及具备高效调度管理功能的云计算平台。云计算管理平台能够为大型数据中心和企业提供灵活高效的部署、运行和管理环境。通过虚拟化技术，该平台支持异构的底层硬件和操作系统，为各种应用提供安全、高性能、高可扩展性、高可靠性和高伸缩性的云资源管理解决方案，从而有效降低应用系统在开发、部署、运行和维护方面的成本，同时提升资源利用效率。

云计算平台具体可分为 3 类：① 以数据存储为主的存储型云平台。② 以数据处理为主的计算型云平台。③ 计算和数据存储处理兼顾的综合云计算平台。

目前在国内外已经存在较多的云计算平台。商业化的云计算平台国外有谷歌公司的 AppEngine、微软公司的 Azure、亚马逊公司的 EC2 等，国内也有阿里云、百度云和腾讯云等。

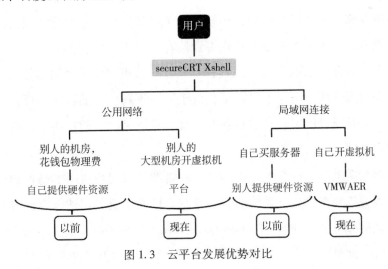

图 1.3　云平台发展优势对比

1.3.2 数据的采集

在数据量呈爆炸式增长的今天，数据的种类丰富多样，也有越来越多的数据需要放到分布式平台上进行存储和计算。数据采集过程中的 ETL（Extract-Transform-Load，提取、转换和加载）工具将异构数据源中的不同种类和结构的数据抽取到临时中间层进行清洗、转换、分类、集成，之后加载到对应的数据存储系统，如数据仓库或数据集市中，成为联机分析处理、挖掘数据的基础。在分布式系统中，经常需要采集各个节点的日志，然后进行分析。企业每天都会产生大量的日志数据，对这些日志数据的处理也需要特定的日志系统。因为与传统的数据相比，大数据的体量巨大，产生速度非常快，对数据的预处理也需要实时快速，所以在 ETL 的架构和工具选择上，也需要采用分布式内存数据、实时流处理系统等技术。根据实际生活环境中应用环境和需求的不同，目前已经产生了一些高效的数据采集工具，包括 Flume、Scribe 和 Kafka 等。

1.3.3 数据的存储

数据存储在大数据系统架构中扮演着关键的角色。它专注于应对海量数据的存储问题，为大数据技术提供专业的存储解决方案，同时也可独立发布存储服务。云存储以服务的形式提供存储，通过集群应用、网络技术和分布式文件系统等手段，协同工作以整合位于网络不同位置的各式各样的存储设备。这一体系通过应用软件进行业务管理，并透过统一的应用接口向外界提供数据存储和业务访问功能。

云存储系统以其良好的可扩展性、容错性和对用户透明等特性而脱颖而出，这得益于分布式文件系统的有力支持。目前广泛采用的云存储分布式文件系统包括 GFS 和 HDFS（Hadoop Distributed File System，Hadoop 分布式文件系统）等。此外，目前存在的数据库存储方案有 SQL、NoSQL 和 NewSQL。SQL 是目前为止企业应用中最为成功的数据存储方案，有相当大一部分的企业把 SQL 数据库作为数据存储方案。

1.3.4　大数据的计算

面向大数据处理的数据查询、统计、分析、数据挖掘、深度学习等计算需求，催生了大数据计算的不同计算模式，整体上可以把大数据计算分为离线批处理计算和实时计算两种。

离线批处理计算模式最典型的应该是谷歌提出的 MapReduce 编程模型。MapReduce 的核心思想就是将大数据并行处理问题分而治之，即将一个大数据通过一定的数据划分方法，分成多个较小的具有同样计算过程的数据块，数据块之间不存在依赖关系，将每一个数据块分给不同的节点去处理，之后再将处理的结果进行汇总。

实时计算一个重要的需求就是能够实时响应计算结果，主要有两种应用场景：一种是数据源是实时的、不间断的，同时要求用户请求的响应时间也是实时的；另一种是数据量大，无法进行预算，但要求对用户请求实时响应。实时计算在流数据不断变化的运动过程中实时地进行分析，捕捉到可能对用户有用的信息，并把结果发送出去。整个过程中，数据分析处理系统是主动的，而用户却处于被动接收的状态。数据的实时计算框架需要能够适应流式数据的处理，可以进行不间断的查询，同时要求系统稳定可靠，具有较强的可扩展性和可维护性，目前较为主流的实时流计算框架包括 Storm 和 Spark Streaming 等。

1.3.5　数据的可视化

想要通过纯文本或纯表格的形式理解大数据信息是非常困难的，相比之下，数据可视化却能够将数据网络的趋势和固有模式清晰地展现出来。可视化会为用户提供一个总的概览，再通过缩放和筛选，为人们提供其所需的更深入的细节信息。可视化的过程在帮助人们利用大数据获取较为完整的信息时起到了关键性作用。

通过交互式可视化界面辅助用户对大规模复杂数据集进行分析推理的技术被称为可视化分析。其运行过程可被视作"数据—知识—数据"的循环，其中穿插着两条主线：可视化技术和自动化分析模型。

大数据可视化主要利用计算机技术，如图像处理技术，将计算产生的数据以更易理解的形式展示出来，使冗杂的数据变得直观、形象。大数据时代利用数据可视化技术可以有效提高海量数据的处理效率，挖掘数据隐藏的信息。

1.4　大数据技术在不同行业的应用

当前，大数据技术的应用涉及各个行业领域，如金融市场、城市交通、健康医疗、企业管理、网络社交、劳动就业、文化教育、能源环境等行业。下面就一些典型领域的大数据应用进行阐述。

1.4.1　大数据在金融行业的应用

国内已经有一部分银行采用大数据经营业务，比如中信银行信用卡中心应用大数据技术进行营销活动；光大银行建立了社交网络信息数据库，利用大数据发展小微信贷。从整体上来看，银行对于大数据的利用，主要体现在以下四个方面。

1. 客户画像

客户画像应用可分为两大类别，即个人客户画像和企业客户画像。个人客户画像涵盖人口统计学特征、消费能力相关数据、兴趣、个人偏好等信息；而企业客户画像则包括企业生产、管理、销售、财务、消费者信息以及相关产业链上下游等方面的数据。

值得注意的是，银行在对客户信息的掌握方面存在一定的不全面性。因此，仅通过分析银行所获得的信息有时难以得出准确的结论。以信用卡用户为例，其每月平均刷卡 8 次，每次交易额约 800 元，每年平均打 4 次客服电话且未曾投诉，初看似乎对银行服务非常满意。然而，通过观察该客户的微博动态，可能会发现尽管打了电话，但一直未能接通，客户在微博上抱怨。这表明，银行需综合多方面数据，而非仅仅依赖自身获得的信息，以全面了解客户情况，提高对客户的洞察力。

2. 精准营销

银行在销售产品时，会考虑客户的年龄、资产总额、投资理财方式等因素，有针对性地进行个性化推广。此时可通过大数据实施实时营销战略，根据客户当前状态调整营销策略。例如，根据客户所在地和上一次购物的信息，定制相应的推广策略实施个性化推荐，根据用户的个人兴趣和需求推断其潜在的业务需求。

3. 风险管控

中小企业贷款风险评估、欺诈交易识别等都属于风险管控内容。银行会通过对企业资产、销售、经营、财务等各方面信息进行大数据分析，用于评估贷款风险，不仅使企业信用额度量化，也可以为中小企业贷款提供借鉴。同时，银行还可以通过分析持卡人基本信息、交易信息、历史行为模式等信息，预测或判断其实时交易行为。

4. 运营优化

运营优化的应用主要表现在三个方面，分别是市场和来源渠道分析的优化、服务及产品优化，以及舆情分析。银行可以利用大数据对各个市场推广渠道，尤其是网络销售渠道进行随时随地监控，以便及时作出调整，使合作的渠道更加优化；为不同服务和产品匹配最佳销售渠道，不断完善推广策略。

在服务方面，银行可以根据客户历史记录，对客户的个人需求和偏好进行分析，更加深入地了解客户的真正需求，以预测客户接下来可能进行的消费行为，从而对自身服务和产品做进一步完善和提升。比如，兴业银行根据客户还款数据，对客户价值进行划分，针对不同还款额度的客户，提供合适的理财方式和金融产品。

在舆情分析方面，银行可以借助网络爬虫技术获取社交媒体上关于银行及其提供的相关服务等信息，通过自然语言处理（NLP）技术对其优劣进行评价，及时发现并处理关于银行及其提供服务和产品不好的评价，发扬好的评价。与此同时，银行还可以向同行学习，从而提升自身业务能力。

1.4.2 大数据在政府的应用

为充分运用大数据的先进理念、技术和资源，加强对我国各地市场主体的服务和监管，推进简政放权和政府职能转变，提高政府治理能力，我国一些省市关于运用大数据加强对市场主体服务和监管的实施方案已然出炉。

1. 运用大数据提高为市场主体服务水平

充分运用大数据技术，积极掌握不同地区、不同行业、不同类型企业的共性、个性化需求，在注册登记、市场准入、政府采购、政府购买服务、项目投资、政策动态、招标投标、检验检测、认证认可、融资担保、税收征缴、进出口、市场拓展、技术改造、上下游协作配套、产业联盟、兼并重组、培训咨询、成果转化、人力资源、法律服务、知识产权等方面主动提供更具针对性的服务，推动企业可持续发展。

2. 运用大数据加强和改进市场监管

创新市场经营交易行为监管方式，在企业监管、环境治理、食品药品安全、消费安全、安全生产、信用体系建设等领域，推动汇总整合并及时向社会公开有关市场监管数据、法定检验监测数据、违法失信数据、投诉举报数据和企业依法依规应公开的数据，鼓励和引导企业自愿公示更多生产经营数据、销售物流数据等，构建大数据监管模型，进行关联分析，及时掌握市场主体经营行为、规律与特征，主动发现违法违规现象，提高政府科学决策和风险预判能力，加强对市场主体的事中事后监管。对企业的商业轨迹进行整理和分析，全面、客观地评估企业经营状况和信用等级，实现有效监管。建立行政执法与司法、金融等信息共享平台，增强联合执法能力。

1.4.3　大数据在医疗行业的应用

医疗行业是最早受到大量数据影响的行业之一。随着医疗卫生信息化建设进程的加速，医疗数据的类型和规模以前所未有的速度迅猛增长，甚至达到了目前主流软件工具难以处理的程度。这些医疗数据具有特殊性和复杂性，能够被撷取、管理和整合成为有助于医院经营决策的信息。然而，这些庞大的医疗大数据因其特殊性和复杂性，仅仅依靠个人或个别机构进行搜索是几乎不可能完成的。

麦肯锡是世界著名咨询公司，他们曾经专门做过调查，美国医疗行业每年可以借助大数据，分析创造 3 000 亿美元的价值。大数据分析在临床操作方面的运用主要体现在 5 个方面。如果能够广泛使用，仅就美国来说，一年可减少 165 亿美元的医疗开支。

1. 比较效果研究（Comparative Effectiveness Research，CER）

分析有关病人病情和治疗效果的数据，并把各种治疗方式加以对比，可以为病人的治疗提供最佳方案。比较效果研究是以疗效为基础的研究，根据相关研究，如果同一个病人接受不同医疗机构提供的服务，其最终治疗效果也会有差别，且治疗成本不同。分析有关病人病情特征、治疗成本和治疗效果数据，可以对病人有更精准的了解，为医生选择最有效和最节约成本的治疗方法提供参考和借鉴。目前，CER 项目已经在一些国家的医疗机构中投入使用，比如英国国家卫生与临床优化研究所（NICE）、德国卫生质量和效率研究所（IQWIG）、加拿大普通药品检查机构等。

2. 临床决策支持系统

临床决策支持系统在提高工作效率和治疗质量方面发挥着重要作用。目前，临床决策支持系统用于分析医生输入的内容，并与医学库资源进行比对，及时发现并纠正医生的错误，能有效防止医疗事故的发生。临床决策支持系统的应用显著降低了医疗事故的概率，减少了临床错误。通过引入大数据分析技术，临床决策支持系统的非结构化数据分析能力得到进一步增强，系统也变得更加智能化。例如，系统可识别医疗影像（X光、CT、MRI）数据，或者从大量医学文献中提取数据以构建专家数据库，利用图像分析技术，为医生提供最佳选择方案。此外，该系统还能减轻医生的咨询工作负担，使治疗过程中更多的工作能够由护理人员和助理医生完成，进而提高整体工作效率，使治疗过程更加完善。

3. 医疗数据透明度

把治疗过程数据可视化，可以清楚地看到医疗工作者所做的工作，使绩效管理更清晰，从而提高治疗质量。通过搜集医疗机构相关绩效数据，并进行大数据分析，可以创建公开透明的流程图。流程图的主要作用是识别和分析临床变异以及医疗废物产生的源头，为医疗机构提高服务质量。

4. 远程病人监控

对慢性病人的远程监控系统数据进行分析以后，将最终结果反馈给监控设备，有助于更好地规划病人今后的治疗。该系统对于慢性病人的治疗很有帮助，包括家用心脏监测设备、血糖仪，以及芯片药片等，这种系统可以监控病人病情，及时将病人的信息传送到数据库。

5. 对病人档案进行高级分析

分析病人档案可以确定病人感染某种疾病的可能性。比如，可以利用高级分析，预测哪一类人易患糖尿病，帮助患者尽早进行预防或接受治疗。此外，高级分析还可以帮助患者找到最佳的治疗方案。

1.4.4　大数据在企业管理方面的应用

企业经营管理者在大数据时代面临的主要困扰包括以下几个方面：如何有效将大数据应用于企业实际业务场景，以充分发挥其效益；如何通过云计算和大数据重新构建企业商业模式，助力实现"互联网+"转型升级；如何充分利用企业多年积累的多源数据，推动业务改进，创造新的商业价值。此外，企业还需要解决散布在不同系统中的各类数据清洗、整合和挖掘的问题。

关于企业的大数据战略规划，可作如下的解读。

应用蓝图。根据企业的商业模式以及业务价值，分析大数据所产生的功能及意义。第一，以商业模式策略为基础并融合互联网发展策略，从高级设计角度分析指导公司创建新型商业体系，在应用大数据前提下，将早期经常应用的模式转化为数据驱动模式，并成为互联网环境下的公司。第二，以价值链为导向的应用策略，指导公司在运营过程中有效应用大数据并体现出创新性与高效率，尤其是加强在不同业务中对大数据的应用，促进大数据与业务之间有效融合。

数据蓝图。在创建数据结构的基础上，根据内部或者外部情况选取数据制定相应方案。如对于企业内部数据的采集，可结合企业业务流程或者工艺过程，识别所有接触点，通过 IT 工具系统或者物联网采集设备部署，实现"从信息来源地一次性采集所有信息"。而对于外部数据，则可以从其他大数据机构进行购买实现采集。

技术蓝图。根据公司发展实际情况、技术开发方向以及重要技术比较情况，通过分析指导公司创建大数据框架，再结合产品特点，为公司的决策提供参考价值。

运营蓝图。指导公司建设能够支撑大数据的管理系统。例如，建设人才培养计划与组织，研究与完善大数据应用体系、大数据长期发展体系等，进而完成大数据分析的一系列流程，包括数据获取、研究解析、改进完善等。

1.4.5　大数据在农业领域的应用

由谷歌前雇员创办的 Climate 公司，从美国气象局等数据库中获得了美国近几十年的天气数据，将各地的降雨、气温和土壤状况及历年农作物产量做成紧凑的图表，从而能够预测美国任一农场下一年的产量。农场主可以去该公司咨询明年种什么能卖出去、能赚钱，咨询结果有误则该公司负责赔偿，赔偿金额比保险公司还要高。

通过对手机上的农产品"移动支付"数据、"采购投入"数据和"补贴"数据进行分析，可准确预测农产品生产趋势，政府可依此决定出台激励措施和确定合适的作物存储量，还可以为农民提供服务。

1.4.6 大数据在商业领域的应用

沃尔玛基于每个月 4 500 万美元的网络购物数据，并结合社交网络上有关产品的大众评分开发了机器学习语义搜索引擎"北极星"，方便浏览，在线购物者因此增加 10%~15%，销售额增加十多亿美元。

沃尔玛通过手机定位，可以分析顾客在货柜前停留时间的长短，从而判断顾客对什么商品感兴趣。美国部分超市在购物推车上也安装了位置传感器，根据顾客在不同货物前停留时间的长短来分析顾客可能的购物行为。

在淘宝网上买东西时，消费者会在阿里的广告交易平台上留下记录，阿里不仅从交易记录平台把消费记录拿来供自己使用，还会把消费记录卖给其他商家。

1.4.7 大数据在城市交通方面的应用

运用大数据技术有助于预测市民的出行规律、引导公交线路的设计和调整车辆密度等。这些数据主要来自公交和地铁的刷卡记录、停车收费站、信号灯以及交通视频摄像头等。通过对收集到的历史数据进行分析和预测，能够实现对交通调度系统的指挥控制，及时疏导拥堵，有效缓解城市交通压力。

一个典型的例子是智能交通信号灯控制系统。这种系统利用大数据技术收集和分析交通流量、车辆速度、行人流动等数据，以实现更智能、自适应的交通信号灯控制。通过实时监测路口的交通状况，系统可以根据需求调整信号灯的时序，以最大程度地优化交通流动，减少拥堵，提高道路通行效率。

具体来说，该系统会收集来自交通摄像头、车辆传感器、行人过街系统等设备的数据。这些数据包括车辆的实时位置、速度、车流密度，以及行人穿越道路的信息。通过大数据分析，系统能够识别交叉口的繁忙时段、高峰期和低谷期，预测未来交通流量的趋势。

基于这些数据，智能交通信号灯系统可以调整信号灯的周期和时长，以适应实时交通需求。例如，在高峰时段，系统可以延长主干道的绿灯时间，以便更多车辆流畅通过；而在低谷时段，系统可以缩短主干道绿灯时间以减少行人等待时间。这种智能信号灯控制系统可以显著提高交叉口的通行能力，减轻交通压力，改善城市交通流动性。

1.4.8　大数据在智慧城市中的应用

在智慧城市中，大数据技术被广泛应用于优化垃圾收集和处理流程，提高资源利用效率，以及降低环境污染。

智能垃圾管理系统使用传感器和物联网技术监测垃圾桶的填充程度。传感器实时收集数据，测量垃圾桶的容量，并将这些信息传输到中央数据库中。大数据分析系统对这些数据进行处理，预测何时垃圾桶即将达到满载状态。

通过这些预测，城市管理者可以有效地规划垃圾收集路线。垃圾车可以被调度到需要收集的区域，而不是按照固定的时间表。这种智能垃圾管理系统减少了不必要的行驶，降低了能源消耗和空气污染。

此外，系统还能提高垃圾处理的效率。管理者可以更好地了解垃圾产生的模式，根据需要优化垃圾处理设施的运行。这有助于减少垃圾填埋的需求，促进可回收物品的回收利用，对城市的环境可持续性产生积极影响。

因此，智能垃圾管理系统实现了对城市资源的更有效利用，提高了城市管理的效率，同时减轻了环境负担。

1.5　大数据技术面临的挑战及未来发展

大数据无疑具有巨大的经济价值，但这也吸引了许多不法分子的关注。不当使用大数据势必损害许多人的利益，因此我们迫切需要在确保其正常应用的同时，切实保护隐私性和安全性。大数据技术的发展是一把双刃剑，为我们的生活带来便利的同时，也带来了挑战。大数据未来的发展走向是我们当前需要密切关注的问题。

1.5.1　当前大数据技术面临的挑战

1. 业务视角不同带来的挑战

以往，企业通过内部企业资源计划（ERP）、客户关系管理（CRM）、供应链管理（SCM）、BI 等信息系统建设来建立高效的企业内部统计报表、仪表盘等决策分析工具，为企业业务敏捷决策发挥了很大的作用。但是，这些数据分析只是冰山一角，这些报表和仪表盘其实是"残缺"的，更多潜在的有价值的信息被企业束之高阁。大数据时代，企业业务部门必须改变他们看数据的视角，更加重视和利用以往被放弃的交易日志、客户反馈、社交网络等数据。这种转变需要一个接受过程，但实现转变的企业已经从中获得巨大收益。据有关统计，亚马逊近三分之一的收入来自基于大数据相似度分析的推荐系统的贡献，花旗银行新产品创新的创意很大程度上来自各个渠道收集到的客户反馈数据。因此，大数据时代，业务部门需要以新的视角来面对大数据，接受和利用好大数据，从而创造更大的业务价值。

2. 技术架构不同带来的挑战

传统的关系型数据库（Relational Database Management System，RDBMS）和 SQL 面对大数据已经力不从心，更高性价比的数据计算与存储技术和工具不断涌现。对于已经熟练掌握和使用传统技术的信息技术人员来说，学习、接受和掌握它需要一个过程。部分信息技术人员还会认为现在的技术和工具已足够好，对新技术产生了一种排斥的心理，怀疑它只是一个新的噱头；另外，新技术本身的不成熟性、复杂性和用户不友好性也会加深这种印象。但大数据时代的技术变革已经不可逆转，企业必须积极迎接这种挑战，以包容的方式迎接新技术，以集成的方式实现新老系统的整合。

3. 管理策略不同带来的挑战

大容量和多种类的大数据处理不仅会带来企业信息基础设施的巨大改变，

也会带来企业信息技术管理、服务、投资和信息安全治理等方面的新的挑战。如何利用公有云服务来实现企业外部数据的处理和分析？应对大数据架构时应采取什么样的管理和投资模式？如何对大数据可能涉及的数据隐私进行保护？这些都是企业应用大数据时需要面对的挑战。

1.5.2　大数据技术的未来发展趋势

当前，大数据在市场经济调控、灾难预警、公共卫生安全、社会舆论监督等方面发挥着关键作用，显著提升了政府的紧急响应和应变能力，同时也加强了企业服务质量等。大数据技术的广泛应用不仅涵盖各个领域，而且未来发展前景良好。

1. 人工智能技术的整合

大数据分析的目标是从数据资源中挖掘有价值信息。为了更准确深入地挖掘信息，需要不断提高计算机的智能计算能力，这正是人工智能所涉及的核心技术。人工智能的研究成为学术界和企业界近年来关注的焦点，旨在提升计算机系统分析数据的能力，实现更准确的推理和决策。

2. 基于数据科学的多学科融合

从数据研究的角度看，各学科表面上看似有所不同，但研究之间存在共通点。因此，在大数据时代，以数据科学为基础的多学科融合展现了数据的一致性，使得可以采用统一的思想进行综合研究。

3. 数据分析的核心地位

在大数据处理中，数据分析起着至关重要的作用。大数据的核心价值在于对大规模数据资源进行智能处理，从中提取相关有价值的信息。未来，数据分析将成为大数据技术发展的核心，涉及数据的采集、存储管理、分析以及应用。

4. 实时性的数据处理方式

随着人们获取信息的速度加快，大数据系统的处理方式也需要不断创新发展。传统的批量处理方式在处理对实时性要求较高的场景时存在局限性。未来的发展趋势将强调实时性和实效性，特别是在需要高频率数据处理的领域，如股票交易。

5. 基于云计算的数据分析平台不断完善

未来，随着云计算技术的不断发展和广泛应用，云计算将为大数据技术提供广阔的数据处理平台和技术支持。分布式计算方法、存储空间和计算资源等关键要素将从云计算中汲取。随着云计算技术和平台的不断完善，大数据技术将迎来快速提升和发展。

6. 保护大数据安全与隐私

大数据的安全和隐私问题一直备受关注，未来仍将是学术界和企业界重点研究的方向。保护大数据的安全和用户隐私将是一个社会问题，尤其是在涉及商业机密和国家主权的情况下。

1.6 云计算技术的诞生及发展

云计算的概念可以追溯到 20 世纪 60 年代，当时大多数人还没有接触过计算机。斯坦福大学的科学家约翰·麦卡锡在那个时代就指出："计算机可能演变成为一种公共资源。"同时期的作家道格拉斯·帕克希尔在他的著作《计算机实用程序的挑战》中将计算资源类比为电力资源，并提出了私有资源、公有资源、社区资源等概念，这些概念在今天经常与云计算联系在一起。这些历史事实让人们不得不承认，人类的想象力和智慧是推动世界进步的巨大动力。同时，也能够看到云计算并非偶然产生的技术，它可以被看作是计算机技术演进的必然方向。接下来将对云计算技术的起源和发展进行简要概述。

1.6.1　云计算的诞生

1997 年，美国戈伊祖塔商学院教授拉姆纳特·切拉帕给出了最早的云计算定义——"计算边界由经济而并非完全由技术决定的计算模式"，为一个全新的 IT 时代揭开了序幕。

1999 年，赛富时公司的成立标志着云计算的先驱阶段，该公司成功地证明了基于云的服务不仅仅是大型业务系统的替代品，更是一种能够提高企业效率、促进业务发展，并维持高可靠性标准的革命性工具。

在赛富时的引领下，企业用户纷纷接受并采用云计算，为其发展注入了强大的动力。云计算的魅力在于其整合了 IT 技术和互联网，充分利用高速互联网、虚拟化技术以及先进的基础设施，从而实现了超级计算和存储能力。它不仅仅是一个技术演进，更是一种变革性的思维方式，成为下一代企业数据中心的代表。

1.6.2　云计算的发展历程

云计算技术经历了几代变革，不同时代有着各自的特征。随着社会经济的深入发展，云计算技术也有了重大变化。云计算的发展历程可以概括为以下几个关键时期。

1. 早期概念和虚拟化时代（1956—2004）

1956 年：克里斯托弗·斯特雷奇提出虚拟化概念。

1961 年：约翰·麦卡锡提出通过成为公用事业，销售计算能力的思想。

1997 年：拉姆纳特·切拉帕提出云计算的第一个学术定义。

1998 年：威睿首次将虚拟化计入引入 X86 平台。

1999 年：马克·安德森创建 LoudCloud，其成为第一个商业化的 IaaS 平台。

2004 年：谷歌发布 MapReduce 相关论文，推动了 Hadoop 等开源项目的发展。

2. 云计算商业化和平台建设（2005—2010）

2005 年：亚马逊发布 AWS 云计算平台。

2006 年：亚马逊推出在线存储服务 S3 和弹性计算云 EC2。

2007 年：谷歌与 IBM 在美国大学校园推广云计算。

2008 年：微软发布 Azure 云平台服务，IBM 发布"蓝云"计划。

2009 年：思科发布统一计算系统 UCS 和云计算服务平台。

2010 年：惠普和微软联合提供完整的云计算解决方案。

3. 云计算商业化扩展和全球普及（2010 至今）

2010 年：IBM 与松下达成全球最大的云计算交易。

2011 年：云计算服务商纷纷扩大业务，全球范围内推动了云计算的商业化。

2012 年至今：云计算逐渐成为企业和个人的常规选择，各大科技公司推动云服务创新，行业内出现了众多的云计算平台和解决方案。

这一时期的云计算发展历程标志着云计算从概念到商业化的演变，云计算技术从早期的理论和实践逐渐走向全球商业应用和广泛普及。

1.7　了解云计算技术

近几年，云计算这一概念经常成为各大报道的头条，虽然大部分人对云计算技术还不是很了解，但不得不承认，云计算技术在社会生活的诸多领域中已经开始运用。作为一种具有开创性的新计算机技术，云计算技术是传统计算机和网络技术发展到一定阶段融合的产物。通过互联网提供计算能力，就是云计算的原始含义。本节将对云计算的概念、特点及相关基础知识进行介绍。

1.7.1　云计算的概念

云计算是一种通过互联网提供计算服务的技术。通过云计算，可以让用户不再需要在自己的电脑上安装和运行所有的软件，也不必担心存储大量的数据。相反，用户可以通过互联网访问和使用在远程服务器上运行的计算资源和应用程序。

举个例子来说，以往运行 Photoshop 软件来进行图片编辑工作，用户往往需要在自己的电脑上下载安装一个 Photoshop 软件，如果电脑不在身边，则无法进行图片编辑。而云计算的出现很好地解决了该问题，用户可以访问一个图片编辑网站（如可画、在线 PS 等）来实现大多数只能通过 Photoshop 才能进行的工作。

云计算就像是一种"虚拟的计算机租赁服务"。云服务提供商拥有大规模的计算资源，包括强大的服务器、存储设备和网络设备。用户可以根据需要在云上租用这些资源，而无需购买、安装或维护自己的硬件设备。

高德纳公司在其报告中将云计算放在战略技术领域的前沿，进一步重申了云计算是整个行业的发展趋势。在这份报告中，高德纳公司将云计算正式定义为：一种计算方式，能通过 Internet 技术将可扩展的和弹性的 IT 能力作为服务交付给外部用户。这个定义对高德纳公司于 2008 年作出的原始定义做了一点修订，将原来的"大规模可扩展性"修改为"可扩展的和弹性的"。这表明了可扩展性与相关垂直扩展能力的重要性，而不仅仅与规模庞大相关。

CSA（云计算安全联盟）和 NIST（美国国家标准与技术学院）的深入解析为我们揭示了云计算的本质和定义，为这一现代计算模式的理解提供了清晰而详尽的指引。通过 CSA 和 NIST 的阐释，我们深入了解了云计算的关键特征、服务模式和部署模式，以及其在不同层面上的灵活性和适应性。

CSA 的定义为云计算勾勒了一个清晰的轮廓。云计算被描述为一种通过服务提供模型，随时、随地、按需地通过网络访问共享资源池的 IT 服务。这个资源池包括计算、网络、存储等多种资源，它们能够被动态地分配和调整，以满足不同用户的需求。这一定义突显了云计算的灵活性和便捷性，用户可以根据实际需求灵活配置和使用计算资源，实现高效的 IT 服务交付。

NIST 提出的云计算的五大要素为我们提供了更加系统和细致的视角。这五个要素分别是自助服务、通过网络分发服务、可衡量的服务、资源的灵活调度以及资源池化。自助服务使用户能够根据需要自行配置和管理资源，降低了对 IT 支持的依赖。通过网络分发服务使得用户可以通过网络轻松访问和使用云计算提供的服务，实现了便捷的远程管理。可衡量的服务让用户能够根据实际使用情况支付费用，避免了资源的浪费。资源的灵活调度使得云计算能够根据负载和需求进行动态调整，提高了资源利用率。资源池化则为多个用户提供了一个集中的、共享的资源池，实现了资源的共享和高效利用。

在服务模式方面，云计算被划分为 SaaS（Software as a Service，软件即服务）、IaaS（Infrastructure as a Service，基础设施即服务）、PaaS（Platform as a Service，平台即服务）和 DaaS（Data as a Service，数据即服务）四种。SaaS 是指通过云计算平台提供的软件服务，用户无需关心底层的硬件和软件，只需通过网络访问即可使用。IaaS 则提供了虚拟化的计算、存储和网络资源，用户可以按需使用这些基础设施。PaaS 则在 IaaS 的基础上提供了更高层次的应用支持，使开发者能够更专注于应用程序的开发而无需过多关注底层的基础设施。DaaS 是继 IaaS、PaaS、SaaS 之后发展起来的一种新型服务，DaaS 通过对数据资源的集中化管理，并把数据场景化，为企业自身和其他企业的数据共享提供了一种新的方式。

值得一提的是，在计算领域，NIST 给云计算的定义中所明确的服务模式仅包括 SaaS、IaaS、PaaS 三种，DaaS 与 NaaS（Networkas a Service，网络即服务）因概念较新，不在其中。此外，DaaS 也可以是 Desktop as a service（桌面即服务）的缩写，也是一个新概念，它可理解为桌面云，通过云计算服务，把"桌面"作为服务的形式提供给用户，所以 DaaS 可以理解为是 SaaS 的一个部分。因此，下文如果没有特殊说明，DaaS 归属至 SaaS 之中。

在部署模式方面，云计算根据不同的使用需求划分为公有云、私有云、社区云和混合云。公有云是由云服务提供商提供的资源池，对公众开放使用，是一种多租户模式。私有云是由单一组织或企业独享的资源池，更注重数据隐私和安全性。社区云则是多个组织共享一个云基础设施的模式，这些组织通常具有共同的安全需求和合规性标准。混合云则是将公有云和私有云相结合，实现了资源的灵活调配，既能享受公有云的便捷性，又能保留私有云的安全性。

　　NIST 的云计算定义之所以得到广泛接受，是因为它简练地概括了云计算系统的关键特征，使其与传统 IT 系统迅速区分开。这种清晰的定义有助于各方更好地理解云计算的本质，推动了云计算在业界的迅速发展和广泛应用。

　　图 1.4　所示为 NIST 提出的云计算概念图。

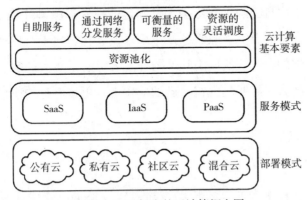

图 1.4　NIST 提出的云计算概念图

　　综上所述，可为云计算赋予更为简洁的定义：云计算是分布式计算的一种特殊形式，它引入效用模型来远程供给可扩展和可测量的资源。这个简化定义与之前云计算行业中其他组织定义的版本是一致的。

1.7.2　云计算的特点

与传统的资源提供方向相比，云计算具有以下特点。

1. 资源池弹性可扩张

云计算可以让低效率分散的资源变得高效集约化使用。现在每个人都可能有一到两台自己的计算机，但每台电脑的利用率其实非常低，每天大部分时间都处于待机状态或是在处理文字数据等低负荷的任务。如果将这些分散的资源集中起来，那么利用效率将会大大提高。随着资源需求的不断提高，资源池的弹性化扩张能力成为云计算系统的一个基本要求，云计算系统只有具备了资源的弹性化扩张能力才能有效地应对不断增长的资源需求。大多数云计算系统都能较为方便地实现新资源的加入。

2. 按需提供资源服务

云计算系统带给客户最重要的好处就是敏捷地适应用户对资源不断变化的需求。云计算系统实现了按需向用户提供资源，能大大节省用户的硬件资源开支，用户不用自己购买并维护大量固定的硬件资源，只需支付自己实际消费的资源量。按需提供资源服务使应用开发者在逻辑上可以认为资源池的大小是不受限制的，这就使应用软件的开发者拥有了更大的想象空间和创新空间，其主要精力只需要集中在自己的应用上，更多有趣的应用将在云计算时代被创造出来。

3. 虚拟化

现有的云计算平台的重要特点是利用软件来实现硬件资源的虚拟化管理、调度及应用。用户通过云计算平台使用网络资源、计算资源、数据库资源、硬件资源、存储资源等，与在自己的本地计算机上使用的感觉是一样的，相当于是在操作自己的计算机，却可以大大降低维护成本和提高资源的利用率。

4. 网络化的资源接入

从最终用户的角度看，基于云计算系统的应用服务通常都是通过网络来提供的。应用开发者将云计算中心的计算、存储等资源封装为不同的应用后往往会通过网络提供给最终的用户。云计算技术必须实现资源的网络化接入才能有效地向应用开发者和最终用户提供资源服务。这就像有了发电厂必须还要有输电线才能将电传送给用户。所以，网络技术的发展是推动云计算技术出现的首要动力。目前，一些企业将网络化的软件和硬件都称为云计算，就是因为网络化的资源接入方式是从最终用户角度能看到的云计算的重要特征之一，这些产品的称呼不一定准确，但却是对云计算特征的反映。

5. 高可靠性和安全性

用户数据存储在服务器端，应用程序在服务器端运行，计算由服务器端来处理。所有的服务分布在不同的服务器上，如果什么地方（节点）出问题就在什么地方终止它，另外再启动一个程序或节点，即自动处理失败节点，从而保证了应用和计算的正常进行。数据被复制到多个服务器节点上有多个副本（备份），存储在云里的数据即使遇到意外删除或硬件崩溃也不会受到影响。

1.7.3　云计算的技术分类

1. 按照部署方式分类

云计算按照部署方式进行划分，可分为私有云、公有云、社区云，混合云四种，如图 1.5 所示。

图 1.5　按照部署方式分类

私有云设施专属于某个组织。这类云设施可以由该组织或第三方，或者是两者结合形成共同体所共同享有和管理，可以部署在组织中，也可以不在其中。

公有云设施对公众开放。拥有这类云设施的主要有商业机构、学校、政府管理部门，或者是他们的结合体等。

社区云设施由一个独具特色的社区所拥有，这个社区的组织者有共同目标、共同要求，或者出于政策考虑而结合在一起。管理和运行社区云，可以是社区中的一个或多个组织，也可以是第三方或者是上述几者组成的联合体。

社区云可以物理部署在该社区的房产中。

混合云。是公有云和私有云的结合体。混合云中的云设施保持各自独立状态，借助私有或规范化技术，云中数据可以在混合云中自由流动。

2. 按照技术路线分类

云计算按照技术路线分类，可分为资源整合型云计算和资源切分型云计算，如图 1.6 所示。

图 1.6　按照技术路线分类

资源整合型云计算的云计算系统在技术实现方面大多体现为集群架构，通过整合大量节点的计算资源和存储资源后输出。这类系统通常能构建跨节点弹性化的资源池，分布式计算和存储技术为其核心技术。

资源切分型云计算是目前应用较为广泛的技术。虚拟化系统是其最为典型的类型，这类云计算系统运用系统虚拟化技术对单个服务器资源实现弹性化切分，从而有效地利用服务器资源。虚拟化技术为其核心资源，此技术的优点在于用户的系统可以不进行任何改变接入采用虚拟化技术的云系统，尤其在桌面云计算技术上应用得较为成功，其缺点是跨节点的资源整合成本较高。

3. 按照服务模式分类

云计算按照服务模式分类，可分为 IaaS、PaaS 和 SaaS，如图 1.7 所示。

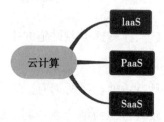

图 1.7　按照服务模式分类

IaaS 指用户通过互联网可以从计算机基础设施中获得相应的服务，服务商把多台服务器组成庞大的基础设施来为客户提供服务，这需要通过网格计算、集群和虚拟化等技术实现。

PaaS 指提供一种软件开发平台的服务，将可以访问的完整或部分应用程序的开发平台提供给用户。

SaaS 通过互联网把软件作为一种服务提供给用户，用户不需要单独购买想要的软件，而是向服务商租用基于 Web 的软件。软件作为一种服务来提供完整可直接使用的应用程序，在平台层以 SOA（面向服务架构）方法为主，使用不同的体系应用构架，具体需要用不同的技术支持来得以实现。

1.7.4 云计算的技术优势

云计算的技术优势使其成为当今企业和个人广泛采用的计算模型，为数字化转型和创新提供了强大的支持。云计算的技术优势体现在多个方面，为用户和企业提供了灵活、高效、可扩展的计算和存储资源。以下是云计算的主要技术优势。

1. 弹性和灵活性

◈ 资源弹性：云计算允许用户按需分配和释放计算资源，实现弹性伸缩。用户可以根据业务需求随时增加或减少计算和存储资源。

◈ 灵活性：通过云服务，用户可以选择所需的服务和配置，快速部署应用程序，同时灵活地适应不断变化的业务环境。

2. 成本效益

◈ 按需付费：用户无需预先购买昂贵的硬件设备，只需按照实际使用的资源进行计费。这种按需付费的模式有助于降低初始投资和运营成本。

◈ 资源共享：云计算平台通过多租户模式，多个用户可以共享相同的基础设施，提高资源利用率，降低整体成本。

3. 高可用性和容错性

◈ 分布式架构：云计算采用分布式架构，将数据和计算任务分散到多个节点，提高了系统的可用性和容错性。即使某个节点发生故障，其他节点仍然可以继续提供服务。

♦ 备份和恢复：云服务商通常提供备份和灾难恢复的解决方案，确保用户数据的安全性和可靠性。

4. 自动化和管理简便

♦ 自动化部署：云计算平台支持自动化部署，用户可以通过编排工具或脚本实现应用程序的快速部署和配置。

♦ 自动化管理：管理云资源的各种操作，如监控、扩展、更新等，可以通过自动化工具实现，减轻了管理负担。

5. 全球化覆盖

♦ 分布式数据中心：大多数云服务提供商在全球范围内建立了分布式数据中心，用户可以选择离其最近的数据中心，提高访问速度和降低延迟。

♦ 全球网络：云服务商通过全球网络连接各个数据中心，实现高效的数据传输和通信。

6. 创新和快速开发

♦ 云原生技术：云计算推动了云原生应用的开发和部署，使用容器、微服务等技术，实现更加灵活、可维护和可扩展的应用程序架构。

♦ DevOps 实践：云计算环境促进了 DevOps 文化的发展，实现开发和运维的协同工作，加速了应用程序的开发和发布。

1.7.5　国内外云计算技术发展现状

1. 国内云计算技术发展现状

近年来，中国云计算技术得益于科技创新和数字化转型的推动，取得了显著的进展。以下是国内云计算技术发展的一些主要特点。

（1）快速增长的云服务市场

中国的云计算服务市场呈现出高速增长的趋势，各大云服务提供商如阿里云、腾讯云、华为云等竞相推出各类云服务产品。阿里云在国内云服务市场占有领先地位，不仅提供基础的计算、存储、数据库服务，还推动了人工智能、大数据等前沿技术的应用。

（2）产业云的崛起

除了通用的云计算服务，产业云逐渐崭露头角。各行各业纷纷构建自己的产业云平台，以满足特定行业的需求。例如，制造业云平台支持数字化生产，医疗健康云提供医疗信息化服务，金融云加强了金融数据的安全管理。

（3）强调数据安全和隐私保护

随着数据泄露和隐私问题的日益凸显，国内云计算技术发展也更加注重数据安全和隐私保护。云服务提供商加强了数据加密、身份认证等安全手段，同时政府出台了一系列法规和标准以规范云计算服务的安全性。

（4）面向未来的技术创新

中国云计算技术在人工智能、区块链、物联网等方向上进行了大量的技术创新。云计算与人工智能的深度融合成为未来的趋势，各大云服务提供商纷纷推出人工智能服务，支持图像识别、自然语言处理等应用。

2. 国际云计算技术发展现状

国际云计算技术发展同样呈现出蓬勃的态势，以下是一些国际云计算技术发展的主要特点。

（1）多云战略的兴起

在国际范围内，企业普遍采用多云战略，即同时使用多个云服务提供商的服务。这种策略有助于降低依赖性，提高灵活性，并在性能、安全性等方面获得更好的平衡。

（2）强调可持续发展

国际上的云计算技术发展趋势之一是强调可持续发展。云服务提供商在数据中心的设计和运营中越来越注重能源效率，采用绿色能源，减少碳排放，推动云计算行业的可持续发展。

（3）智能化和自动化水平提升

国际云计算技术逐渐朝着智能化和自动化方向发展。自动化运维、智能化管理工具的引入，使得云计算环境更加智能，能够更好地适应不同工作负载和应用场景。

（4）跨境数据流动和合规性

随着云计算的国际化，跨境数据流动成为一个重要的问题。国际上的云计算技术发展更加关注数据的合规性，各国政府和组织也纷纷出台相关政策和法规以确保数据安全和隐私合规。

（5）大规模数据处理和分析

在国际云计算技术发展中，大规模数据处理和分析依然是一个热点。云计算服务提供商提供了强大的大数据服务，支持企业实时分析、挖掘和处理海量数据。这种服务不仅在商业领域得到广泛应用，还在科学研究、医疗健康等领域展现出强大的潜力。

（6）云原生和容器技术

国际云计算技术发展中，云原生和容器技术的兴起是一个显著的趋势。容器化技术（如 Docker、Kubernetes）使应用更加轻量级、可移植，能够更快速、灵活地部署和管理应用，从而提高整个云计算环境的效率。

（7）边缘计算和 5G 融合

随着 5G 技术的推进，国际云计算技术逐渐融合边缘计算。边缘计算强调在距离数据产生源头更近的地方进行计算和处理，以降低延迟并提高服务质量。这种融合为更多的物联网、智能城市等场景提供了更强大的支持。

总体而言，国内外云计算技术的发展都在不断演进，涌现出越来越多的创新技术和解决方案，推动着数字化转型和信息技术的革新。技术的跨界融合、智能化和可持续发展是云计算技术发展的主要趋势，为各行各业带来更多的机遇和挑战。

1.8　云计算技术的架构分析

云计算技术架构的分析至关重要，这涉及运营系统的深入研究。不同企业采用各异的云计算技术架构，各自拥有独特的优势，然而，关键在于确定其适用性。微软、谷歌、亚马逊这些企业都构建了自身特有的数据和服务系统，掌握了先进核心技术。通过对这些现有平台的深入分析，有助于了解云计算的整体技术架构。

1.8.1　现有典型的云计算模式

1. 微软 Azure

Azure 是一项基于全球分布的大型数据中心的先进云计算技术。这一平台为应用程序开发人员提供了一系列特定服务，这些服务可通过在云中或本地系统上运行的应用程序进行调用。Azure 的独特之处在于其适用于那些希望逐步采用云计算的用户，为用户提供了在本地执行计算的选择，尤其是在网络条件不稳定或对数据机密性要求较高的情况下。

Azure 平台的灵活性体现在用户可以选择在本地执行计算。这一特性对于一些特定场景非常重要，例如网络环境不稳定时，用户可以选择在本地系统上运行应用程序，确保稳定的计算环境。同时，对于那些对数据保密性要求较高的用户，Azure 也提供了在本地执行计算的选项，以保障数据的安全性。

对于云计算应用程序，Azure 通过连接到互联网提供计算服务。这使得用户能够充分利用云计算的便利性，通过互联网访问和调用 Azure 平台的各项服务。Azure 平台包括多个组件，其中 Windows Azure 负责运行 Windows 环境应用程序并将数据存储在微软的数据中心，Microsoft. NET Services 提供分布式基础结构服务，Microsoft SQL Services 提供基于 SQL Server 的数据服务，Live Services 通过 Live Framework 提供数据访问服务。

随着用户对云计算的适应和软件的升级，大多数应用程序将逐渐迁移到云中。这种渐进的迁移方式为用户提供了更好的灵活性和过渡的平滑性。Azure Service Platform 的组件不仅仅可以通过在云中运行的应用程序调用，还可以通过在本地各种系统上运行的软件调用，包括 Windows 移动设备等。这为用户提供了多样的接入方式，使得他们能够根据实际需求选择最合适的环境。

2. 谷歌 MapReduce

谷歌的云计算技术的独特之处在于其对于特定 Web 应用程序的深度定制。这种定制化不仅体现在硬件架构上，更在于软件功能的精细设计。同时，通过对节点故障的有效处理和大规模数据的高效管理，谷歌实现了对庞大网络数据的高效处理和存储。这种技术特色为谷歌的云计算平台赋予了卓越的性能和可靠性。

在谷歌的基础架构中，四个关键系统紧密集成，共同构成了其强大的云计算技术。首先是 Google File System，它构建在编程模型之上，为用户提供了高效的文件系统。这个系统的设计目标是处理大规模数据的存储和管理，为 Web 应用程序提供了稳定可靠的文件系统支持。

其次是应用程序分布式锁定机制，专为 Chubby 特性而设计。这个机制的存在使得分布式系统中各个节点能够协同工作，避免了资源冲突和数据一致性的问题。通过这个分布式锁定机制，谷歌实现了在多节点环境下的高效协同和数据同步。

大型分布式数据库 Big Table 是谷歌基础架构的又一重要组成部分。Big Table 提出了新的编程模型，支持海量数据的存储和检索，为谷歌内部应用程序提供了强大的数据支持。这个数据库系统的设计理念使得它能够应对实时性、扩展性和容错性等方面的需求，成为谷歌内部数据处理的核心引擎。

此外，谷歌的云计算基础架构还包括一个集成的云计算平台，主要提供平台 API（应用程序编程接口）服务和网络应用程序服务。这个平台为用户提供了全面而强大的云计算功能，通过 API 服务支持多种应用程序的开发和部署。网络应用程序服务则通过云计算平台为用户提供了稳定、高效的网络服务，使得用户能够更加专注于应用程序的开发和优化。

3. 亚马逊 EC2

相对于微软和谷歌，在商业化方面，亚马逊的 EC2 尚有进一步发展的空间。EC2 的独特之处在于其提供了简单的网络服务界面，使用户能够轻松使用或配置资源，并全面掌控这些资源在网络虚拟机中的运用。尽管其资源请求和服务实例启动的响应时间仍在分钟级别，但这一特性使得 EC2 能够在短时间内快速响应用户需求，并为用户提供详尽的使用情况分析，从而更好地满足不同用户的需求。

技术上，EC2 提供了完全虚拟化的计算环境，能够灵活满足各种不同系统的要求。完全虚拟化的特性使得用户能够在同一物理服务器上运行多个虚拟机，实现资源的高效利用。这种灵活性为用户提供了更多的选择，可以根据实际需求定制计算环境，满足不同的应用场景。

然而，尽管 EC2 在技术水平上提供了完全虚拟化的计算环境，但其主要技术级别仍然停留在虚拟化层面。EC2 主要提供基于虚拟化技术的基本服务单元，如存储和虚拟机。与竞争对手相比，这可能限制了其在商业化方面的发展。

1.8.2　不同运营模式的比较

云计算平台的差异主要体现在其提供的服务和计费标准上，而这些服务主要可分为计算资源（如 CPU）、存储和网络传输这 3 类。各大云计算平台服务商，如亚马逊、谷歌和微软，均以其独特的技术模型和服务定位，满足着不同用户的需求。

1. 计算资源

不同的云计算平台服务商对计算资源的提供有着不同的侧重点。亚马逊更倾向于提供基础平台和资源，为用户提供广泛而灵活的计算资源选择。用户可以根据需要选择不同规模的计算能力，从而满足不同规模和复杂度的应用程序的需求。这种基础平台的灵活性使得亚马逊成为许多企业和开发者首选的云计算服务提供商之一。

相比之下，谷歌则更注重提供更高级的编程 API，使开发者能够更方便地构建和管理应用程序。谷歌的云计算平台不仅提供了底层的计算资源，还提供了丰富的高级 API，以简化开发过程。这种高级编程 API 的支持使得开发者能够更专注于应用程序的逻辑和业务，而不用过多关注底层的计算资源管理，从而提高了开发效率。

微软的 Azure 平台则介于亚马逊和谷歌之间。Azure 为开发者提供了一种灵活的方式，既能够通过自动分配获得计算资源，又可以通过 API 进行定制化的资源管理。这种平衡的设计使得 Azure 适用于广泛的应用场景，满足了不同用户的需求。

2. 存储

亚马逊的存储服务强调灵活性和可伸缩性，用户可以选择不同类型的存储服务，如对象存储、文件存储和块存储，以满足不同的应用场景。谷歌提供的云存储服务也注重可扩展性，并且与其他谷歌云服务深度整合，为用户提供了全方位的存储解决方案。Azure 的存储服务则支持多种存储类型，包括 Blob 存储、文件存储和表格存储，满足了不同应用的存储需求。

3. 网络传输

亚马逊强调其全球化的网络基础设施，用户可以选择在全球不同地区搭建和管理应用程序，以提高访问速度和稳定性。谷歌的云计算平台同样拥有全球性的网络，同时提供了高度可扩展的网络服务，为用户提供了强大的网络支持。Azure 则借助微软强大的全球网络基础设施，为用户提供高效可靠的网络传输服务。

总体而言，不论是亚马逊、谷歌还是微软，它们都在云计算平台的服务和计费标准上有着独特的定位和优势。用户可以根据自身的需求和偏好，选择最适合的云计算服务提供商。这种多样性和选择性推动着云计算领域的不断创新和发展，为用户提供了更加灵活和强大的云计算解决方案。

1.9　云计算技术在不同行业的应用

云计算是一种新型的计算模式，它将计算机资源、应用程序和数据存储服务等提供给用户，使用户能够随时随地访问和使用这些资源。目前，云计算在各领域中都有广泛的应用。

1.9.1　云计算技术在企业发展中的应用

将云计算技术应用于企业管理中，有助于更有效地配置和管理企业资源，提高资源利用率。

1. 运行框架

云计算技术的广泛应用为企业提供了全新的技术支持，塑造了一种统一管理和调度资源的先进框架，构建了高可靠性、高稳定性、高弹性的系统架构，为企业提供更有效的业务分管和线上服务支持，从而在提高运营效率方面发挥了关键作用。在企业的发展中，应用云计算技术带来了多重优势，为企业赋予了灵活性和竞争优势。

◈ 降低整体运营成本，提高企业的盈利能力：通过采用虚拟化技术，企业可以将业务进行虚拟化，有效提高现有硬件资源的利用效率，减少硬件购置和维护的成本。

◈ 实现资源的统一管理，提高企业的经营效率：将业务从传统的线下转移到线上，企业可以更加方便地管理和监控其所有的网络信息资源。这种集中化的管理方式使得企业能够更快速、更精准地响应市场变化，提升业务的灵活性。

◈ 加强企业对风险的抵御能力：通过对大量数据的分析，企业能够更早地发现潜在的风险因素，预防和化解潜在风险，从而保障企业的稳健发展。

2. 企业网络通信

在数据传输到云端的过程中，通信技术起到了关键的搬运作用，并需要确保数据搬运的速度和质量。而云计算技术则能为网络通信提供更好的保护和存储网络信息数据的手段，因此云计算在企业通信网络中的应用是未来发展的重要趋势。

◈ 保障数据传输的速度和质量：云计算技术依赖于通信技术确保数据搬运的速度和质量，这对于云计算技术的有效运行至关重要，有助于减轻计算压力和传输成本。

◈ 网络信息数据的保护和存储：传统通信行业的数据存储一般在企业本部部署区域内，但随着数据规模的不断增大，传统的存储方式已经无法满足需求。因此，云计算技术成为了一种可靠的方案。现在很多通信企业都开始采用云存储借助云计算能力将海量数据存储在互联网上，实现资源的共享和管理，提高了数据的可靠性和安全性。

3. 网络管理与系统评价

云计算技术有助于将人从繁重的管理任务中解放出来，能更好地降低计算机网络系统的管理成本。这得益于云计算在网络管理和系统评价中的应用，它可以显著提高网络管理的智能水平，使其能够完成自我诊断、信息反馈与大数据计算等任务。

◈ 网络管理的智能化水平提升：云计算技术的应用能够提高计算机网络管理的智能水平，使其具备自我诊断、信息反馈与大数据计算等任务的能力。

◈ 解放人力与降低成本：通过智能化的云计算技术，网络管理可以完成更多的任务，减轻了人工管理的负担，从而有效降低了计算机网络系统的管理成本。

◈ 专家数据库系统的建立：利用云计算技术，可以建立完善的专家数据库系统，通过大数据计算，提供对各种故障问题和技术问题的解决方案，更好地帮助用户解决问题。

4. 企业安全防护

云计算技术的应用对于企业计算机网络的安全性起到了关键作用。企业计算机网络可能因为设计的局限性、系统管理和维护不善而出现各种安全问题。通过云计算技术可以有效保障计算机网络的安全性，提高外部攻击的难度，这源于云计算强大的加密算法，让外部攻击很难在有限时间内进行破解。

5. 企业业务

云计算技术的发展在速度、规模上完全满足了企业线上业务的需求，为其提供了强有力的支持。企业业务逐渐由线下向线上扩展，云计算技术在速度、规模和管理方面的优势使得企业业务能够更好地开展，尤其在信息技术快速发展和新冠肺炎疫情的影响下，线上业务得到了更大的推动。

1.9.2　云计算技术在物联网领域的应用

物联网的基础构架包括感应层、网络层和应用层。感应层通过各种传感器和标识技术（如 RFID、条形码）实现对物理世界的感知。网络层负责数据的传输与处理，而应用层则将这些数据转化为实际应用，实现各种智能化功能。在这一基础上，物联网的应用场景变得日益多样化，如智能家居、智能交通、智能医疗等。

然而，随着物联网的不断壮大，处理其所涉及的海量数据成为一个亟待解决的难题。这时，云计算技术的引入成为解决方案的关键。云计算技术以其强大的计算和存储能力，以及高度可伸缩性，为物联网提供了处理大规模数据的有效手段。通过将云计算技术与物联网相结合，可以实现对庞大数据集的高效分析、存储和管理。

在云计算技术与物联网融合的过程中，实现物联网设备之间的数据共享是其中的一项关键技术。通信方式主要包括数据的发送、数据的咨询、命令的管理和通知的管理。这些通信方式使得物联网设备能够实时交换信息，形成一个高度协同的系统。云计算技术与物联网设备的融合实现了数据的共享、远程信息采集、资源整合和数据挖掘等功能，进一步拓宽了物联网的应用场景。

云计算技术与物联网的结合不仅仅解决了数据处理的问题，更推动了物联网应用领域的扩展。通过云计算技术，物联网设备能够实现更高效的资源整合，实现远程监控和控制，大幅提升了智能化系统的运作效率。同时，数据的共享与挖掘也为企业和用户提供了更全面的信息服务，促进了创新和业务模式的发展。

1.9.3 云计算技术在职业教育领域的应用

尽管我国在职业教育方面加大了投入，但资源分配仍存在不均衡的问题。在这一背景下，云计算中的虚拟化技术催生了一种新型的解决方案，即通过整合职业院校的软硬件资源，结合数据存储与管理技术构建综合职业教育管理云平台。这一平台旨在实现高度共享的教育资源，为科研、教学、学习与管理提供服务，从而提升职业教育的质量和效益。

在教学方面，云教学平台通过强化师生联系，显著提高了课堂教学与课外辅导效果。教师可以借助云教学平台更灵活地组织教学资源，实现个性化教学。学生则可以通过云教学平台进行自主学习，平台能够智能分配适合学生学习情况的内容，提高学习效率，实现个性化学习路径。

在学习方面，职业教育云平台作为信息存储和管理的中心，存储并管理各院校的教学与学习资源。云平台通过网络提供学习资源，实现了对学生的自主学习支持。云平台还通过智能分析学生学情，为学生提供个性化的学习建议和辅导，提高学生学术成就和综合素质。

在管理方面，云计算技术引发了职业教育技术和管理的全面变革。通过建立云服务化管理模式，构建现代化的协同办公管理模式，实现对教学内容的监督和评判，进一步提高教学质量。云平台的建立还使得职业教育机构能够更加便捷地接入人才网站和用人单位，加强交流与合作。这种信息化和智能化的管理模式为教育机构提供了更多机会，促进了教育机构与企业之间的深度合作。

综合而言，云计算技术在职业教育领域的应用，特别是通过虚拟化技术构建的综合管理云平台，为职业教育注入了新的活力。这一平台不仅提升了教学、学习和管理的效能，也促进了职业教育的现代化转型。通过全面整合和智能化管理，职业教育将更好地服务于学生的成长，同时更好地适应社会经济的发展需求。

1.9.4　云计算行业应用实例

下面介绍一个 PaaS 模式的实现实例。谷歌是全球用户量最大的搜索引擎公司，其业务范围不仅仅限于搜索引擎，还包括 Google Map、Google Earth、Gmail 等多种服务。这些服务共同的特点是数据量大，并且需要高并发、实时处理能力。因此，谷歌必须应对海量数据的并发处理问题。为此，谷歌在数百万廉价计算机的基础上构建了独特的云计算技术，成功解决了这些挑战。这些技术主要包括分布式文件系统 GFS、分布式编程模型 Map Reduce、分布式结构化数据存储 Bigtable，以及分布式锁服务 Chubby 等。GFS 提供了存储和访问海量数据的机制，Map Reduce 实现了对数据的并行处理，Chubby 提供了同步机制以确保在分布式环境中的并行处理，而Bigtable 则提供了结构化数据的组织和管理功能。Google App Engine 就是一个典型的 PaaS 平台。

1. GFS 文件系统

GFS 是谷歌文件系统，是为大型分布式应用程序专门设计的可扩展的分布式文件系统，具有良好的可靠性、可伸缩性和可用性。

目前，谷歌已在各种应用中广泛应用了 GFS 集群。尽管 GFS 与传统的分布式文件系统在设计目标上相似，但在实现过程中具有独特的特点。首先，GFS 使用大量廉价的普通机器作为存储设备，这意味着这些设备可能在任何时刻发生故障，且不一定能完全恢复。这些故障不仅包括硬件故障，如网络设备故障、存储设备故障，还包括软件故障，比如程序 bug、操作系统 bug，还可能是人为故障。因此，在 GFS 中，必须提供持续的监控机制来检测故障，并配备自动恢复机制和冗余备份机制以降低故障的影响。其次，GFS 存储的文件数量大，每个文件包含的内容通常很多，常常达到 TB 级别，因此在管理这些文件时必须考虑 I/O 操作和文件块的尺寸。再次，在 GFS 中，一旦文件写入完成，通常只能进行只读操作，修改文件时也只能进行追加操作，几乎不涉及随机写操作。因此，GFS 中的文件大多是数据分析程序的数据集、存档数据或某些机器生成的中间数据，对这些数据，客户端不需要建立缓存，追加操作保证了操作的原子性，同时也对程序优化产生了一定影响。最后，GFS 文件系统提供了类似传统文件系统的 API 接口，通过这些接口可以进行常用的文件操作，如创建、删除、打开、关闭、读取和写入文件。此外，GFS 还支持文件快照和记录追加操作，快照可实现文件或目录树的快速拷贝，记录追加操作允许多个客户端同时对文件进行数据追加，并保证每个客户端操作的原子性。

（1）GFS 集群

一个 GFS 集群一般包含一台主节点服务器、多台块服务器以及多个客户端。所有这些机器都是普通的个人电脑，上面运行的都是用户级别的服务进程。

GFS 客户端被以库的形式提供给用户，用户可以直接在应用程序中调用这些 API 来访问 GFS 文件系统。当块服务器的硬件资源充足时，客户端可以与块服务器部署在同一台个人电脑上。

GFS 将文件分成固定大小的块，然后将这些块存储在块服务器的硬盘上。每个块都对应着一个全球唯一的 64 位块标识符，这个标识符是在创建块时由主服务器分配的。为了确保块数据的可靠性，通常每个块的数据都会被保存在多个块服务器上。

GFS 的主节点服务器主要负责保存文件系统的元数据信息，这些元数据信息主要与块有关，包括命名空间（即整个文件系统的目录结构）、文件和块之间的映射关系、当前块的位置信息以及每个块的副本的位置信息。主节点保存的元数据信息并不是固定的，它会定期与每个块服务器通信，发送指令给各个块服务器并接收块服务器的状态信息。当主节点服务器重新启动或新的块服务器加入当前的 GFS 集群时，主节点服务器会轮询块服务器以获取最新的块信息。

GFS 的所有元数据信息都存储在主服务器的内存中，但一些重要的元数据信息，如命名空间、文件和块之间的对应关系等，会被保存到系统的日志文件中。这些日志文件存储在主服务器的本地磁盘上，并且这些日志也会被复制到其他远程主节点服务器上，以有效地避免主节点服务器崩溃带来的风险。

（2）客户的访问处理流程

在访问 GFS 时，客户端首先利用相关 API 请求主服务器节点，获取块服务器信息，然后再向块服务器发送请求，完成数据读取操作。这种分离数据流和控制流的访问方式，能够降低对主服务器节点的压力，避免其成为文件系统的瓶颈。图 18 展示了客户端访问处理流程。

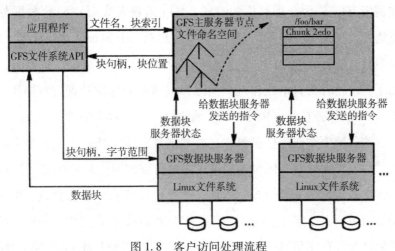

图 1.8　客户访问处理流程

2. 分布式数据处理 Map Reduce

Map Reduce 是 Google 提出的一种编程模型，主要用来并行处理海量数据。该模型首先采用"Map（映射）"过程把用户数据处理成为类似于 {key，value} 的键值对，然后采用"Reduce（简化）"过程对具有相同 key

值的键值对进行处理，得到每个 key 值的最终结果，把所有 Reduce 处理的最终结果合并起来就是我们需要的数据。

在 Map Reduce 编程模型中需要我们定义两个函数，分别是 Map 函数和 Reduce 函数。Map 函数用来对原始数据进行处理，每个 Map 函数操作的原始数据都不一样，因此多个 Map 函数可以并行执行，并且它们之间是相互独立的。Map 函数执行成功后会生成相应的键值对。这个过程可以用下面的函数式表示：$Map(rawdata) \rightarrow \{(key_i, value_i), i=1, \cdots, n\}$。Reduce 函数对 Map 函数的结果再进行处理，即每个 Reduce 函数对每个 Map 函数产生的特定结果进行一种合并操作，每个 Reduce 函数处理的 Map 函数的结果都不相同，所以 Reduce 函数也可以并行执行。Reduce 函数执行完毕产生的最终结果合并起来就是最终我们需要的结果集。Reduce 函数的处理过程可以表示如下：

$$Reduce(key, [value_1, value_2, value_3, \cdots, value_n]) \rightarrow (key, final\_value)$$

在调用 Map 函数处理数据的时候，Map 函数首先会把原始数据分为 M 块，每块的大小在 16~64 MB 之间，之后会启动一个 Master 主控程序。Master 主控程序负责把原始的 M 块数据分派到不同的工作（work）机器上，称为 Map 工作机，然后在 Map 工作机上执行 Map 函数对每块数据进行操作，相当于有 M 个 Map 任务在并行执行，Map 函数执行成功后会生成（key_i, value_i）键值对，这些键值对被暂存在 Map 工作机的缓存中。Map 工作机会定时把这些键值对写入本地硬盘，同时调用分区函数对键值对（key_i, value_i）进行分区操作，类似于执行 hash（key）modR 操作，R 代表分区的数量。R 的值和分区函数由用户自己定义。这样会产生 R 个 Reduce 处理过程。分区后的键值对在本地硬盘的存储信息会被发送到 Master 主控程序，Master 主控程序再把这些信息传送给 Reduce 工作机，Reduce 工作机得到这些信息后，启动远程过程调用，从 Map 工作机的硬盘上获取对应的键值对数据，当 Reduce 工作机得到所有的键值对后，就按照 key 值对这些键值对排序，把具有相同 key 的键值对排在一起，然后调用 Reduce 函数对这些经过排序的键值对集合进行处理。每个 Reduce 函数执行成功后，经过合并操作得到最终结果。

3. 分布式结构化数据表 Bigtable

Bigtable 是一款分布式的结构化数据存储系统，已在 Google 的多个项目和产品中广泛使用。虽然 Bigtable 类似于数据库，其实现过程中采用了数据库实现的策略。然而，由于 Bigtable 不支持完整的关系数据模型，因此不能被视为真正的数据库。本节将主要介绍 Bigtable 的数据模型和系统架构。

Bigtable 的数据模型是一种分布式、持久化存储的多维度排序 Map。数据以字符串格式存储在 Map 中，需要时将其解析为所需的数据结构。每行数据包含行关键字、列数据和时间戳信息，检索时依据这 3 点进行操作。

行关键字没有固定格式，可为任意字符串，但不超过 64 KB，对其读写操作为原子性。行数据按字典顺序排列，并可根据需要动态分区为子表 "Tablet"，子表是数据划分和负载均衡的最小单位。

每列数据有列关键字，由列族名和限定词组成。相似的列被组合为列族，同族数据压缩存储。列族名为可打印的有意义字符串，限定词可任意选择。列族是访问控制的基本单位，可在其层面设置访问权限。

时间戳为 64 位整型数，标识数据的不同版本。用户程序可精确赋值，按时间戳倒序存储不同版本的数据。Bigtable 提供两种管理数据版本的方式：保留最新的 N 个版本或保留有限时间内的所有版本。

Bigtable 并非独立存在，而是建立在 Google 的其他组件之上，包括主服务器、Tablet 服务器和客户端程序库。主服务器管理 Tablet 服务器，分配 Tablet 表和平衡负载；Tablet 服务器处理数据的读写操作。客户通过客户端程序库访问 Bigtable 数据，几乎不需与主服务器通信，主要从 Tablet 服务器获取数据。

Bigtable 使用 GFS 存储数据文件和日志信息，并设计了一系列内部数据存储格式 SSTable。SSTable 由数据块组成，每块大小通常为 64 KB，可重新配置。最后一个块索引用于快速定位数据块，提高读取速度。若 SSTable 较小，可整体加载进内存，提高查找效率。SSTable 的结构如图 1.9 所示。

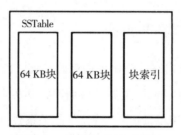

图 1.9　SSTable 构成示意图

多个 SSTable 构成一个子表 Tablet，除此之外，子表中还包含一个日志文件。子表 Tablet 的结构如图 1.10 所示。多个子表可以包含同一个 SSTable，子表中的 SSTable 并不唯一。每个子表的日志文件作为一个片段保存在子表服务器上，子表服务器上的所有子表日志片段合并起来才构成一个完整日志文件，这样可以节省一定的空间。

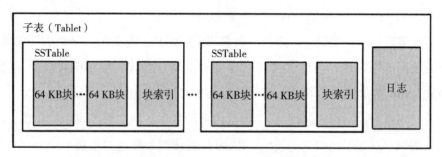

图 1.10　子表 Tablet 构成示意图

Bigtable 的正常运行还需要依赖一个名为 Chubby 的分布式锁服务组件。Chubby 提供了一个包含目录和小文件的目录结构，这些目录和文件可用作锁的处理。作为一个目录，Bigtable 的数据引导区存储在 Chubby 中。为了找到对应的 Tablet，Bigtable 需要读取该目录中的值。如果 Chubby 长时间无法被访问，那么 Bigtable 就会失效。Bigtable 的结构如图 1.11 所示。

Bigtable 中的主服务器主要负责子表的分配工作，记录哪些子表已经分配，并且分配给了哪些服务器；还有哪些子表未分配，把未分配的子表分配给有足够空闲空间的子表服务器。

当 Master 服务器启动后，首先会从 Chubby 中获得一个唯一的 Master 锁，确保当前只有一个 Master 服务器实例，接着会扫描当前 Chubby 中的文件锁存储目录，获取当前正在运行的子表服务器列表。然后 Master 服务器会和当前运行的子表服务器进行通信，获得每个子表服务器上的子表分配信息。最后，Master 服务器会扫描 TADATA 表，从而获得所有子表集合，如果在扫描的过程中，发现有未分配的子表，就把这个子表加入到未分配的子表集合，等待合适的时机分配。

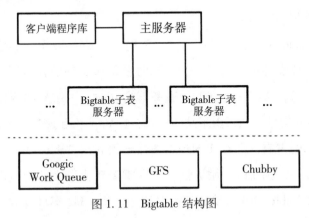

图 1.11　Bigtable 结构图

Master 服务器成功分配 Tablet 后，还需要通过轮询 Tablet 服务器文件锁的状态来判断 Tablet 服务器是否正常工作。如果 Tablet 服务器向 Master 服务器报告自己已丢失文件锁，或者 Master 服务器和 Tablet 服务器不能正常通信，那么 Master 服务器会试图在 Chubby 中取得该 Tablet 服务器的文件锁。如果 Master 服务器成功获得锁，则表明此时 Chubby 工作正常，Tablet 服务器有可能死机或者由于某些原因暂时无法和 Chubby 进行通信。总之，如果 Tablet 服务器无法正常工作，那么 Master 服务器就删除它在 Chubby 上的文件，保证 Tablet 服务器不再提供服务。之后，Master 服务器把之前分配给该 Tablet 服务器的 Tablet 都放入未分配集合，再重新进行分配。Bigtable 中的子表服务器主要存储子表信息。为了更好地遍历子表，读取子表中的数据，Bigtable 采用三层结构保存子表的位置信息。其中用到了 METADATA 表，METADATA 表也是由多个子表构成的，METADATA 表中的第一个子表也称为根子表（Root Tablet），根子表保存了 METADATA 表中其余子表的位置信息。除根子表之外，剩下的子表中保存的才是真正的用户子表的位置信息。根子表的位置信息以文件的形式保存在 Chubby 中。

METADATA 表中每行存储一个 Tablet 地址，大小约为 1 KB。如果 Tablet 的大小为 128 MB，则 METADATA 根子表中最多可以存储 2^{17} 个 Tablet 地址，除根子表之外的每个 Tablet 又可以存储 2^{17} 个地址，采用这种结构最多可以存储 $2^{17} \times 2^{17} = 2^{34}$ 个 Tablet 的地址。每个 Table 的大小为 128 MB，所以该 Bigtable 最多可以存储 2^{61} B 数据。

当一个 Tablet 服务器启动的时候，首先会在 Chubby 某个指定的目录中建立一个文件，该文件名具有唯一性，同时获得该文件的独占锁。主服务器实时监控这个目录，当有新的 Tablet 服务器启动时，主服务器可以立即得到该 Tablet 服务器的信息。如果由于某些故障，比如网络拥塞等导致 Tablet 服务器失去对独占锁的占有，那么 Tablet 服务器会停止对 Tablet 提供服务。此时如果文件仍然存在，则 Tablet 服务器会试图重新获取该文件的独占锁；如果文件丢失，那么 Tablet 服务器会停止提供服务，Bigtable 集群管理系统会把停止提供服务的 Tablet 服务器从集群中移出。

当对子表服务器进行写操作的时候，子表服务器会对写操作发起者进行权限验证，即把写操作者和从 Chubby 文件中读出来的具有写权限的操作者列表进行匹配，匹配成功才能继续进行操作，除此之外还需要检查本次操作格式是否正确。如果写操作成功，会被记录在日志中。写入的数据暂时保存在一个有序的缓存中，称为 MemTable。随着写操作的执行，MemTable 中的内容会不断增加，达到阈值后，这个 MemTable 会被冻结，然后再创建一个新的 MemTable 存储新的数据。冻结的 MemTable 会被压缩成 SSTable 格式的文件，作为持久化存储数据写入 GFS 中，这个压缩过程称为次压缩（Minor Compaction）。

随着次压缩过程的增加，会产生大量 SSTable。由于读操作的对象主要是 SSTable，所以如果 SSTable 数量过多，会影响读操作效率。因此，Bigtable 会定期对 SSTable 进行一次压缩，即合并压缩（Merging Compaction）。合并压缩把一些 MemTable 和 SSTable 压缩，生成新的 SSTable。当新的 SSTable 生成后，就可以把压缩前的 MemTable 和 SSTable 删除掉。除此之外，Bigtable 还定期提供了主压缩操作，即把所有的 SSTable 压缩成一个大的 SSTable 文件。压缩完成后，之前的 SSTable 也可以删除掉。这样不仅节省时间，还可以保护敏感数据。

当对子表服务器进行读操作时，子表服务器同样会进行完整性和权限检查。读操作通常在 MemTable 和 SSTable 合并的视图里执行。

Bigtable 中的客户端通过库访问 Tablet 的时候都会缓存 Tablet 的地址信息。如果客户端发现内存中没有所要访问的 Tablet 的位置信息，就会在存储 Tablet 地址信息的树状结构中递归查询，直到找到对应的 Tablet。当读取该 Tablet 的元数据的时候，通常会多读取几个 Tablet 的元数据，方便后续客户端程序的访问，可以进一步减少程序访问的开销。

4. 分布式数据存储 Megastore

Megastore 是谷歌的一个内部存储系统，底层数据存储在 Bigtable 中，也就是 NoSQL 数据库中。Megastore 同时又具有 RDBMS 的特性，也支持事务和并发操作，并且提供数据一致性解决方案，对单个用户内部的数据支持强一致性，而对多个用户之间的数据支持弱一致性。

Megastore 把数据存储在 Bigtable 中，同时对这些数据进行分区。每个分区称为实体组集（Entity Groups，类似一个数据库），每个实体组集又由若干个实体组（Entity Group，类似于数据库中的表）构成。实体组又由若干个实体（Entity，类似于表中的记录）构成。实体组之间具有松散一致性。同一个实体组中数据更新采用单阶段（signal-phase）ACID 事务实现，不同实体组中的数据更新采用两阶段（two-phase）ACID 事务实现。采用分区可以很好地提高 Megastore 的可扩展性。为方便查找数据，Megastore 在单个实体组中定义了局部索引，作用域仅限于当前实体组。与局部索引对应的是全局索引，全局索引可以在多个实体组集上使用。

用户可以使用传统关系型数据库中的 Join 等操作来满足自己的需求，但是在 Megastore 中传统关系型数据库的操作显然不合适。首先，Megastore 负载较高，在 Megastore 上执行传统关系型数据库操作，效率较低，并不能带来明显的性能提升。其次，对 Megastore 进行的读操作较多，如果在写操作的同时也能进行一些读操作，显然读操作效率会提升。最后，Megastore 中的数据以键值对的方式存储在 Bigtable 中，因此对这些数据进行级联查询效率会较高。所以，谷歌团队为 Megastore 设计了一种能够进行细粒度控制的数据模型和模式语言。Megastore 的数据模型是在模式（Schema）中定义的，每个模式包含一个表的集合，表中又包含一个实体集合，实体又含有众多的属性。属性是可以命名的，并且有自己的类型，类型可以是传统的字符、数字等类型。属性可以被设置成可选的、必须的或者可重复的。Megastore 支持事务和并发操作，一个写事务操作通常会首先写入对应 Entity Group 的日志中，然后才更新数据。因为 Bigtable 可以根据时间戳存储同一份数据的不同版本，所以 Megastore 可以实现多版本并发控制。当一个事务同时执行多个更新时，写入的值带有这个事务的时间戳，读操作为了获得完整的数据，往往读取最后一个时间戳完全生效的事务。

Megastore 提供了 3 种级别的读操作，分别是 Current、Snapshot 和 Inconsistent。Current 读之前会确保所有提交的写操作已生效，然后应用程序会从最后一个成功提交的事务的时间戳的位置开始读取数据。Snapshot 读的时候，系统会取得当前已知的已经完整提交的最后一个事务的时间戳，然后从这个位置开始读取。和 Current 读不同的是，Snapshot 读的时候，可能会有已经提交的事务，但是没有生效。Inconsistent 读的时候不用考虑日志的状态，直接读取最新的数据即可。

Megastore 中的写操作通常开始于一个 Current 读，以便确认下一个可用的日志位置。写操作采用预写日志方式，即先在日志中记录所有写操作，然后才真正执行写的动作。如果有多个写操作同时写一个日志位置，那么通常只有一个写操作会成功。所有失败的写操作会终止并重试。

通常一个完整的事务会经历以下阶段：① 读：获取最后一次提交的事务的时间戳和日志信息；② 应用逻辑：从 Bigtable 读取数据并且准备在日志中进行记录；③ 提交：使用 Paxos 算法保证数据一致性，并且在日志中进行记录；④ 生效：对 Bigtable 中的实体和索引进行数据更新；⑤ 清理：删除不需要的数据。

5. 分布式监控系统架构 Dapper

Dapper 主要负责对谷歌提供的服务进行跟踪监控，并且对该过程产生的数据进行分析处理，一旦系统发生异常，可以快速定位哪个环节出现了问题，从而可以更好地解决问题。

Dapper 监控系统主要有以下 3 个特点：

① 开销低。由于谷歌提供的很多服务是一个持续的不间断的过程，所以要求监控系统也能进行持久性的监控，最好是 7×24h，否则即使只有 1h 没有监控到，监控结果也不可信。长时间的工作再加上广泛的部署要求该监控系统有较低的开销。开销越低，越容易被开发人员接受。

② 应用级别透明。对开发应用程序的程序员来说，不需要知道监控系统的实现细节。如果一个监控系统需要依赖应用级别的程序员才能正常工作的话，那么这个监控系统势必会影响到应用程序的开发，并且往往会由于监控系统的 Bug 导致应用程序出现较大的问题。

③ 很好的扩展性。随着时间的推移，谷歌应用程序的规模越来越大，监控系统应该能在未来的几年继续满足监控需求。

Dapper 监控过程可以用一棵监控树（Trace Tree）来描述，监控树其实就是对某个特定事件的所有消息的记录的集合。监控树主要由区间（Span）、注释（Annotation）构成。区间对应树中的节点，实际上就是一条记录，所有区间联合起来就构成整个事件的监控过程。区间有自己的区间 ID、区间名称、父 ID、监控 ID。区间名称、区间 ID 是用来区分不同的区间的，通过父 ID 可以对树中不同区间的关系进行重建，没有父 ID 的区间称为根区间。一棵监控树有一个唯一的监控 ID，一棵监控树中的所有区间拥有相同的监控 ID。注释主要包含一些自定义的内容，可以用这些内容来推断区间之间的关系。

Dapper 监控系统产生的消息记录需要经过汇总才能生成有效的信息。首先，区间数据会被写入本地日志文件中，然后经过 Dapper 守护进程和 Dapper 收集器把所有本地日志文件汇集到 Bigtable 中。Bigtable 中一行表示一个记录，一列对应一个区间。

1.10　云计算技术面临的挑战及未来发展

时代的发展不可避免地引领着云计算及相关技术的崛起。云计算技术的出现使得网络环境中的多项资源实现了共享，实现了资源的有效利用，并在一定程度上便于实现集中管理，从而对提升安全性和优化投资等方面产生了积极的价值。考虑到云计算技术的重要性，有必要深入分析其发展地位，探讨云计算技术当前所面临的挑战，并分析其未来的发展方向。

1.10.1　当前云计算技术面临的挑战

当前云计算技术面临的挑战主要分为技术层面、应用层面和安全层面。

在技术层面，云计算技术的发展核心和基础是并行技术，它对提升运算速度和解决大主存容量问题起到关键作用。虽然并行技术显著提高了效率，但它仍面临设计方法不够大众化和科学化等问题，多核处理器的出现增加了并行程序开发设计的难度，自动并行技术的突破尚未实现。这些问题影响了云计算技术的发展水平和突破。

在应用层面，由于不同用户对"云"的认知有差异，导致部分用户难以清晰理解云计算技术。在实际需求中，用户可能无法形成对云计算技术的明确认知，使得一些厂商在推荐云计算技术时过于盲目，用户也容易陷入只注重资源利用而忽视整体架构的误区。此外，云计算技术的资源管理仍存在问题，包括设备管理、虚拟资源管理、服务管理和租户管理等方面，当前的云资源管理工作仍不够完善。

在安全层面，企业与政府存在一定的分歧，其中政府更为保守，更加注重云计算技术的安全问题，而企业则更为关注成本。云计算技术的安全问题主要涉及终端安全和数据信息安全两个方面。终端安全关乎用户终端设备和信息系统设备的安全性和可靠性。而在数据信息安全方面，关注点包括企业在使用云计算技术传输信息时的安全性、云计算服务商在获得数据后的数据保护，以及在存储数据时如何确保访问权限和用户安全访问数据的问题。所有这些安全挑战需要在云计算技术的不断发展中得到解决。

1.10.2　云计算技术的未来发展趋势

目前，云计算技术的发展和应用正迎来一个全面而深刻的时期。从未来发展的趋势来看，云计算技术将持续关注和深入探索虚拟化、边缘计算、云安全以及智慧云等关键领域，以推动技术的创新和应用的广泛性。

在虚拟化方面，技术的演进将聚焦在更为科学高效的计算方法上，致力于实现对云环境下的网络资源的优化控制，从而在满足需求响应的基础上有效降低成本。虚拟化的未来将更加强调实时性，以及及时对资源状态变化进行统计和分配，以提高资源利用的效率。当前，服务器虚拟化和桌面虚拟化是应用最为成熟的两个方面。未来，随着容器技术和新型技术的崛起，如 Unikernel 等，虚拟化领域将迎来更多可能性。然而，这些技术的商业化和市场检验仍需逐步完善。

边缘计算与云计算的协同发展将为未来的云技术带来更多创新。边缘计算目前主要在网络、存储和安全层面取得突出成绩，在计算领域同样表现出色。未来，智能化将成为边缘计算发展的关键，尤其在物联网领域，各种设备的智能化将推动边缘计算应用的广泛性。边缘计算的核心在于实现与云环境的融合与协同，将物联设备数据映射到云环境中，最大限度地实现数据共享与云协同作用。未来的发展趋势包括推动更多平台和应用案例的涌现，以及出现更多集成式的云计算中心，提升物联网数据的价值，并更加有效地发现存在于该领域的安全隐患。

在云安全方面，随着技术的不断发展和应用的深入，其重要性日益凸显。包括数据安全、系统漏洞、共享安全等多个方面。我国云安全的实现主要通过云计算厂商和安全服务厂商两方面，以确保云服务在安全性方面的综合性能。未来的发展趋势包括云服务商责任的加强、技术和行业发展对安全性提出新的挑战，以及与人工智能相融合。安全服务的发展需要更为综合的安全体系参与，以适应日益复杂和多样的市场需求。

此外，智慧云的发展也将在未来扮演重要角色。云计算技术作为智能云技术的基层，将搭载异构计算、高性能计算、海云计算、类脑计算等先进计算技术。这种将人工智能算法送达云端的方案，尽管目前并未凸显，但在未来必然是云计算技术发展的重要方向之一。将人工智能算法送达云端有望有效优化计算力的利用，尤其在大型业务处理中，云计算技术将展现更为出色的支持能力，进一步推动产业结构优化和技术升级。

综上所述，云计算技术的未来发展将更强调技术与应用的交叉融合。无论是虚拟化、边缘计算、云安全还是智慧云，都将成为云计算技术发展中的关键领域。云计算技术的出现解决了有限资源优化利用的问题，但也在发展过程中带来了新的安全隐患，需要在技术和应用层面充分关注和解决。未来，云计算技术将进一步推动数字化和智能化的发展，为社会的可持续进步提供有力支持。

第 2 章　大数据与云计算的关系

近年来，随着互联网的蓬勃发展，大数据和云计算的概念逐渐深入人心。尽管在定义和特点上存在差异，但二者之间紧密相连。大数据的处理需求更多的计算资源、更复杂的分析方法以及更高效的处理工具。而云计算的出现完全应对了这些需求，其高可靠性、虚拟化以及高扩展性等特点显著提升了企业处理大数据的能力。大数据与云计算的结合不仅实现了资源的共享，提高了利用率，而且最大化地发挥了各自的优势。可以说，互联网的蓬勃发展催生了大数据的涌现，而大数据的涌现则推动了云计算的普及和技术的进步。本章将深入探讨大数据与云计算之间的密切关系。

2.1　大数据与云计算关系的初步认识

云计算和大数据是当今科技领域备受关注的两大关键词。云计算通过整合海量服务器资源，以虚拟化和聚合技术为基础，为用户提供存储和计算资源，解决了资源不足的问题。大数据则因互联网时代数据激增而兴起，提出了存储、管理和分析海量数据的新挑战。两者关系相辅相成，云计算是大数据的容器，通过云计算技术实现大数据的存储和计算。

1. 云计算与大数据关系

云计算和大数据之间存在相辅相成、相得益彰的关系，可以看做是一枚硬币的两面。云计算作为大数据的平台，以服务的形式提供计算资源，支持大数据的挖掘和处理，同时大数据的发展为云计算提供了更多关键信息。

首先，云计算为大数据提供了可以弹性扩展、相对便宜的存储空间和计算资源，使得中小企业也可以像亚马逊公司一样通过云计算来完成大数据分析。

其次，云计算 IT 资源庞大，分布较为广泛，是异构系统较多的企业及时准确处理数据的有力方式，甚至是唯一方式。当然，大数据要走向云计算还有赖于数据通信带宽的提高和云资源的建设，需要确保原始数据能迁移到云环境以及资源池可以随需弹性扩展。随着数据分析集逐步扩大，企业级数据仓库将成为主流，未来还将逐步纳入行业数据、政府公开数据等多来源数据。

30 年前，存储 1TB 也就是约 1 000GB 数据的成本大约是 16 亿美元。如今，存储同样的数据到云上只需不到 100 美元。但存储下来的数据，如果不以云计算进行挖掘和分析，就只是僵死的数据，没有太大价值。

目前，大部分企业所分析的数据量一般以 TB 为单位。按照目前数据的发展速度，很快将会进入 PB 时代，特别是目前在 100~500TB 和 500+TB 范围的分析数据集的数量呈 3 倍或 4 倍的增长。随着数据分析集的扩大，以前部门层级的数据集市（Data Mart）将不能满足大数据分析的需求，它们将成为企业及数据库（EDW）的一个子集。根据 TDWI（The Data Warehousing Institute）数据仓库研究所的调查，如今大概有 2/3 的用户已经在使用企业级数据仓库，未来这一比例将会更高。传统分析数据库可以正常持续，但是会有些变化，一方面，数据集市和操作性数据存储（ODS）的数量会减少；另一方面，传统的数据库厂商会提升它们产品的数据容量、细目数据和数据类型，以满足大数据分析的需要。大数据技术与云计算的发展密切相关，大数据技术是云计算技术的延伸。大数据技术涵盖了从数据的海量存储、处理到应用多方面的技术，包括海量分布式文件系统、并行计算框架、NoSQL 数据库、实时流数据处理，以及智能分析技术，如模式识别、自然语言理解、应用知识库等。

2. 人类认识事物的新工具

云计算与大数据结合有望成为人类认识事物的新工具。结合云计算和大数据，人们可以通过高效、低成本的计算资源分析海量数据之间的相关性，快速发现共性规律，推动对客观世界规律的认识。这为更新认知工具和人类深入认识世界提供了新的可能性。

目前，云计算已经普及并成为 IT 行业的主流技术，其实质是在计算量越来越大，数据越来越多、越来越动态、越来越实时的需求背景下被催生出来的一种基础架构和商业模式。个人用户将文档、照片、视频、游戏存档记录上传至"云"中永久保存，企业客户根据自身需求，可以搭建自己的"私有云"，或托管、租用"公有云"上的 IT 资源与服务，这些都已不是新鲜事。可以说，云是一棵挂满了大数据的苹果树。大数据的出现，正在引发全球范围内深刻的技术与商业变革。在技术上，大数据使从数据当中提取信息的常规方式发生了变化。

在技术领域，以往更多是依靠模型的方法，现在则可以借用规模庞大的数据。用基于统计的方法，有望使语音识别、机器翻译这些技术领域在大数据时代取得新的进展。在搜索引擎和在线广告中发挥重要作用的机器学习，被认为是大数据发挥真正价值的领域。通过在海量的数据中统计分析出人的行为、习惯等方式，计算机可以更好地学习模拟人类智能。随着包括语音、视觉、手势和多点触控等在内的自然用户界面越来越普及，计算系统正在具备与人类相仿的感知能力，其看见、听懂和理解人类用户的能力不断提高。这种计算系统不断增强的感知能力，与大数据以及机器学习领域的进展相结合，已使得目前的计算系统开始能够理解人类用户的意图和语境。

在商业模式上，对商业竞争的参与者来说，大数据意味着激动人心的业务与服务创新机会。零售连锁企业、电商业巨头都已在大数据挖掘与营销创新方面有很多的成功案例，它们都是商业嗅觉极其敏锐、敢于投资未来的公司，也因此获得了丰厚的回报。IT 产业链分工、主导权也因为大数据产生了巨大影响。以往，移动运营商和互联网服务运营商等拥有大量用户行为习惯的各种数据，在 IT 产业链中具有举足轻重的地位。而在大数据时代，移动运营商如果不能挖掘出数据的价值，可能彻彻底底被管道化。运营商和更懂用户需求的第三方开发者对于互利共赢的模式，已取得一定共识。

对电信运营商而言，在当前智能手机、智能设备快速增长，移动互联网流量迅猛增加的情况下，大数据技术可以为其带来新的机会。大数据在运营商中的应用可以涵盖多个方面，包括企业管理分析（如战略分析、竞争分析）、运营分析（如用户分析、业务分析、流量经营分析）、网络管理维护优化分析（如网络信令监测、网络运行质量）、营销分析（如精准营销、个性化推荐）等。

3. 大数据处理的挑战与云计算解决方案

大数据处理过程包括采集、清洁、分析、处理和展示等多个阶段，涉及庞大数据量和复杂处理要求。传统的处理模式面临着成本高昂和不易扩展的问题。云计算以其弹性伸缩、动态调配、资源虚拟化等特点，为新型大数据处理技术提供了解决方案，实现了对海量数据的统一管理、高效流通和实时分析。

（1）云计算的优势为大数据应用打开多样化出口

云计算技术为大数据应用提供了高效可靠的系统环境，使大数据的应用成为可能。云计算的优势包括高可用性、弹性伸缩、动态调配等，大大降低了管理成本和风险。大数据应用则充分发挥了云计算平台的优势，为业务应用提供了更多样化的支持。两者相辅相成，为科技发展提供了新的方向。

首次收集的数据中，一般而言，90%属于无用数据，因此需要过滤出能为企业提供经济利益的可用数据。在大量无用数据中，重点需过滤出两大类：一是大量存储着的临时信息，几乎不存在投入必要；二是从公司防火墙外部接入到内部的网络数据，价值极低。云计算可以提供按需扩展的计算和存储资源，可用来过滤掉无用数据，其中公有云是处理防火墙外部网络数据的最佳选择。

（2）大数据是云计算技术的最佳应用实践

大数据的应用是云计算技术的最佳应用实践之一。云计算技术通过解决大数据问题不断发展，而大数据的丰富信息价值使云计算技术得以更全面、深入的应用。彼此相互促进，为科技领域的进步带来了新的活力。

在当今数字化时代，云计算与大数据的紧密结合已经成为推动科技创新和应用发展的关键动力。它们之间的相互支持和相辅相成的关系为社会提供了更高效、更可靠的信息处理和应用服务，为未来的科技发展打开了广阔的前景。

2.2　大数据与云计算的融合是认识世界的新工具

有效的资源管理是将这些资源转化为可创造价值、提供服务和具备高可靠性的能力的基础。云计算是一种强大的计算模型，它以尽可能满足用户的需求为目标。云计算是从计算通信平台向计算平台和智能平台转变的过程中出现的一类平台。在当前互联网二次价值信息的探索阶段，管好数据和资源是云计算的主要任务。大数据为技术研究者和产业界带来了许多机遇。

几年前，人们还在讨论什么是云计算，而现在云计算已成为信息技术领域的共识，所有 IT 企业都在使用云计算。谷歌、微软、亚马逊和 IBM 都在大规模部署云计算。可以说，云计算已经成为技术发展的趋势，并且作为一种重要的部署方式，正在朝着良性发展的方向迈进。

高调的厂商，比如 AWS、谷歌、微软、IBM 和 Rackspace 等，都提供云基础的 Hadoop 和 NoSQL 数据库平台来支持大数据应用程序。很多初创公司都引入了云平台上的管理服务，按需部署自己的系统。大数据和云计算的融合往往是互联网公司的首选项，尤其是初创的软件和数据服务供应商。

2.2.1 初识大数据云的融合

很多主流公司并不像互联网公司那样看重云端数据管理。一些公司担心云端的数据安全和隐私保护，一些公司还在大型机和其他本地系统里运行大部分操作，存储在本地的数据量之大，让数据迁移充满挑战。另外，现存数据中心可用的处理能力让 AWS 和谷歌等公有云的成本优势不值一提，即使公司对于云系统所谓的降低成本、增加弹性有兴趣，最终也未必会选择它。以花旗集团为例，随着网络应用界面的普及，金融服务公司面对的是洪水般的非结构化数据，它需要处理线上金融应用程序中不同的数据结构。这些挑战让花旗集团最后选择了 MongoDB NoSQL 数据库。MongoDB 获得了 AWS 和其他云平台的支持。花旗数据公司负责平台工程的领导者迈克尔·西蒙表示，花旗选择了在云端应用该软件。不过它应用的是私有云，应用限定在纽约公司的防火墙内，由它的 IT 部门全权管理。在纽约的 MongoDB 大会上，迈克尔·西蒙告诉与会者："目前，我们还没有扩展私有云或集成公有云的打算。花旗集团的数据中心很大，技术积累也很深厚，我们可以构建自己内部部署的云计算。"

2.2.2 大数据云轻盈起步

总体来看，在云端运行大数据系统仍然是小众行为。在数据仓库研究院开发的大数据成熟度模型中，十个月内有 222 名 IT 和业务专家完成了线上测评，只有 19%的人表示他们的组织在用公有云、私有云和混合云支持大数据应用程序，另有 40%的人表示正在考虑云部署，同时有超过三分之一的人表示他们没有使用云计算的计划。在企业管理协会和 9sight 咨询公司开展的线上调查中，云计算使用比例略高：259 名受访者中，39%的人表示他们的大数据安装包括云系统。Basho 技术公司在 AWS 可用性区域的多个分区运行了 Basho 技术公司的 NoSQL 数据库 Riak 的复制实例，处理和存储来自卫星、雷达系统、天气站等来源的混合数据。该数据库每 5 分钟就为预测引擎更新 3.6 万多地理天气网格的视图，它还用于归档历史数据。美国 TWC 公司执行副总裁兼 CIO Bryson Koehler 认为，Riak 的容错技术以及同时支持内存和硬盘存储的功能特别好。经过比较，因为处理效果低，主流关系型数据库并不能适应高容量的云环境，至少不能以较低的成本适应高容量的云环境，而在云端部署 NoSQL 软件也是旨在扩大 TWC 灵活性的更广泛的 IT 战略。TWC 公司在谷歌云和 AWS 上运行应用程序，以免被任何供应商或技术锁定。

2.2.3　大数据云使企业有了更多选择和可能性

公有云供应商已经为了满足大数据需求，扩展了数据管理能力，不止包含关系型数据库。例如，亚马逊近几年拓宽了 AWS 云选项，包含了很多新兴技术，比如 NoSQL 数据库 DynamoDB、在 Hadoop 上部署的 Elastic MapReduce 和 ElastiCache 内存缓存服务、Redshift 数据仓库和 Kinesis 流数据系统。美国咨询公司 Cloud Technology Partners 高级副总裁大卫·林迪卡姆表示："AWS 和其他云供应商也创建了相当成熟的服务。一些可用的数据管理云平台已经发展到第五代、第六代了。"

2.2.4　需求：大数据云融合的源泉

例如，加拿大海洋网络（ONC）是一家非营利性机构，该机构管理着英属哥伦比亚的一座海洋气象台。① ONC 的数字基础设施主管 Benoit Pirenne 表示，公司计划建立一个内部私有云，为使用海洋传感器提供数据的应用模拟地震和海啸创造条件，目标在于更加准确地预测可能发生的自然灾害带来的后果，为政府当局提供预防措施，缓解自然灾害给人们带来的影响。该机构位于维多利亚大学，2015 年春天得到了一项三年项目的批准和资金支持。计划进行的分析工作包括收集传感器的多次测定结果，运行预测模型以得出可能发生的所有情况集，但是完成这项工作需要大量数据和强大的计算能力。Pirenne 说道："要计算现实状况中的'模拟'几乎是不可能完成的任务，就算在非常高级的平行云系统中也不行。"因此，ONC 与 IBM 合作构建一个内

---

① 资料来源：未来大数据与云计算的紧密结合，中央网络安全和信息化委员会办公室，2015 年 04 月 23 日，https://www.cac.gov.cn/2015-04/23/c_ 1115071658.html。

部云处理流程和分析工作。经过三年的努力、协作和创新，这项投资于2017年4月结出硕果，ONC成功交付了一套令人印象深刻的Smart Ocean系统基础设施、服务和数据产品原型，使加拿大成为海洋技术数据领域的全球领导者。

2.3 大数据与云计算互相成就

大数据指的是规模庞大的数据集合，需要运用各种技术挖掘其中的信息，而云计算则是一种基于互联网的计算方式，提供共享的软硬件资源和信息。

从定义范围来看，大数据比云计算更广泛。大数据需要新的处理模式才能具备更强的决策能力、发现洞见的能力和优化流程的能力以应对海量、高增长率和多样化的信息资产。大数据拥有三层架构体系，包括数据存储、处理和分析。简单来说，数据首先需要通过存储层进行存储，接着根据需求建立数据模型体系，并进行分析以产生相应的价值。在这个过程中，中间的数据处理层必不可少，而云计算所提供的强大并行计算和分布式计算能力、虚拟化的硬件资源正好满足了这一需求。

云计算的历史比大数据更悠久。美国国家标准与技术研究院给云计算的定义是一种按使用量付费的模式，在该模式下可以提供可用、便捷、按需访问的网络，也可以迅速提供可配置的计算资源共享池，以减少交互所需的步骤和时间。云计算可以实现每秒10万亿次的运算，可以模拟核爆炸、分析市场发展趋势和预测气候变化等。因此，云计算和大数据的作用类似，二者相辅相成，如同手心和手背一般密不可分。

从总体上看，大数据对于数据处理和分析的要求迫使其依赖云计算来提供支持。云计算作为一种灵活的计算方式，为大数据的存储、处理和分析提供了稳定而强大的平台。云计算的分布式架构和虚拟化技术使得大数据任务能够更加高效地执行，满足了大数据对于计算资源的庞大需求。没有大数据，云计算就无从施展才华；而没有云计算，大数据也无法得到实现。

所以可以看出，大数据与云计算并非独立的概念，它们之间存在着非比寻常的关系。无论是在资源需求上还是在资源再处理上，二者都需要相互配合。与其去区分大数据和云计算，不如将它们规划在一起，让云计算为大数据提供强大的平台，并利用大数据分析得出的结论实现云计算的价值。这种密切的技术合作使得大数据的应用范围更加广泛，为企业和研究机构提供了更多的可能性。在不断发展的科技领域中，大数据与云计算的紧密结合将继续推动信息时代的进步。

第3章　大数据关键技术及其应用

大数据的基础架构决定其必须能够以经济的方式存储比以往更大量、更多类型的数据，并且具备分布计算的能力，其发展必定会依赖相关的工具和技术。此外，大数据技术还必须以新的方式合成、分析和关联数据，这样才能进一步实现商业价值。本章将对大数据技术的总体框架进行介绍，并重点探讨大数据处理的关键技术及应用。

3.1　大数据技术的总体框架概述

由于大数据与传统数据不同的〔Volume（大容量）、Variety（多样化）、Velocity（高速）、Value（价值密度低）〕特征，大数据应用在数据产生、聚集、分析和利用的各阶段都有其特定的需求，并通过大数据技术加以实现，即从架构层面实现业务需求向技术需求的逻辑映射，如表格 3.1 所示。

表格 3.1　大数据应用的业务—技术的逻辑映射

业务环节	业务需求	技术实现
产生	大数据处理 数据容量：每 18 个月翻一番 数据类型：超过 80% 的数据来自非结构化数据 数据速度：数据来源不断变化，数据快速流通	采用一个统一的大数据处理方法，使得企业用户能够快速处理和加载海量数据，能够在统一平台上对不同类型的数据进行处理和存储

续表

业务环节	业务需求	技术实现
聚集	管理复杂的大数据，需要分类、同步、聚合、集成、共享、转换、剖析、迁移、压缩、备份、保护、恢复、清洗、淘汰各种类型数据	一个数据集成和管理平台，集成各种工具和服务来管理异构存储环境下的各类数据
分析	分析结构化和非结构化数据，包括流文件，并能进行实时分析和预测	建立一个实时预测分析解决方案，整合结构化的数据仓库和非结构化的分析工具
利用	满足不同的用户对大数据的实时的多种访问方式	任何时间、任何地点、任何设备上的集中共享和协同
	需要理解大数据怎样影响业务，怎样转化为行动	对大数据影响的业务和战略进行建模，并利用技术来实现这些模型

3.1.1　架构设计原则

　　企业级大数据应用框架的设计和实现需充分考虑满足多方面的业务需求。首先，它应当具备强大的数据处理能力，以满足日益增长的数据容量、多样的数据类型和迅猛的数据流通速度。这包括对大规模数据的高效采集、灵活存储、迅速处理和深度分析的支持，确保企业能够从庞大的数据池中获取有价值的信息。

　　其次，企业级大数据应用框架必须符合企业级应用的关键准则，包括可用性、可靠性、可扩展性、容错性、安全性和保护隐私等方面。可用性保障了系统能够持续稳定运行，可靠性确保数据的准确性和一致性，可扩展性使系统能够适应业务增长而不影响性能，容错性保证系统在出现故障时能够自动纠正或切换至备用方案，而安全性和保护隐私则是不可或缺的，特别是在处理敏感信息和符合法规的场景下。

　　最后，企业级大数据应用框架需支持使用原始技术和格式进行数据分析，以确保在处理各种数据源时能够灵活适应。这意味着框架应该具备对多种数据格式的支持，包括结构化和非结构化数据，以及对不同技术栈的集成能力，使得企业可以根据具体业务需求选择最适合的分析工具和方法。

总体而言，企业级大数据应用框架应当在技术上具备先进性和灵活性，同时也要紧密贴合企业业务的实际需求，以推动数据驱动的决策和创新。

3.1.2　架构特点

大数据技术架构具备集成性、架构先进性和实时性等特点，具体来说，包含以下几方面。

1. 统一、开发、集成的大数据平台

① 可基于开源软件实现 Hadoop 基础工具的整合；② 能与关系型数据库、数据仓库通过 JDBC/ODBC 连接器进行连接；③ 能支持不同地理分布的在线用户和程序，并行执行从查询到战略分析的请求；④ 提供用户友好的管理平台，包括 HDFS 浏览器和类 SQL 查询语言等；⑤ 提供服务、存储、调度和高级安全等企业级应用的功能。

2. 低成本的可扩展性

① 支持大规模可扩展性，到 PB 级数据源；② 支持极大的混合工具负载、各种数据类型，包括任意层次的数据结构、图像、日志等；③ 节点间无共享（sharing-nothing）的集群数据库体系结构；④ 可编程和可扩展的应用服务器；⑤ 简单的配置、开发和管理；⑥ 以线性成本扩展并提供一致的性能；⑦ 标准的普通硬件。

3. 实时地分析执行

① 在声明或发现数据结构之前装载数据；② 能以数据全载入的速度来准确更新数据；③ 可调度和执行复杂的几百个节点的工作流；④ 在刚装载的数据上，可实时执行流分析查询；⑤ 能以大于每秒 1 GB 的速率来分析数据。

4. 可靠性

当处理节点失效时，自动恢复并保持流程连续，不需要中断操作。

3.2 大数据存储技术

目前大数据已经呈现从 GB、TB 到 PB 甚至 EB 的指数级增长，如何有效存储管理这些海量数据是大数据技术面临的首要问题。

3.2.1 大数据如何存储

数据的海量化和快速增长是大数据对存储技术提出的首要挑战。以前数据被集中存储在一个大的磁盘阵列中，现在需要将它们以分布式的方式存储在多台计算机上，以使数据不仅仅被存储起来，还可以随时被使用。如前文所述，按照数据的结构不同，数据可以被分为结构化的大数据、非结构化的大数据和半结构化的大数据。下面讨论这三类数据如何被存储。

1. 结构化数据存储

结构化数据通常是人们所熟悉的数据库中的数据，它本身就是一种对现实已发生事项的关键要素进行抽取的有价信息。现在各类企业和组织都有自己的管理信息系统，随着时间的推移，数据库中积累的结构化数据越来越多，一些问题也显现出来，这些问题可以分为以下四类：① 历史数据和当前数据都存在一个数据库中，系统处理速度越来越慢如何避免；② 历史数据与当前数据的期限如何界定；③ 历史数据应如何存储；④ 历史数据的二次增值如何解决。

问题①和问题②可以一起处理。导致系统处理速度越来越慢的原因除了传统的技术架构和当初建设系统的技术滞后于业务发展之外，最主要的是对于系统作用的定位问题。从过去 30 年管理信息系统发展的历史来看，随着信息技术的发展和信息系统领域的不断细分，可将信息系统分为两类，一类是基于目前数据的生产管理信息系统，一类是基于历史数据的应用管理信息系统。

数据生产管理信息系统是管理在一段时间内频繁变化的数据的系统，这个"一段时间"可以根据数据增长速度而进行界定，比如，银行的数据在当前生产系统中一般保留储户一年的存取款记录。数据应用管理信息系统是将数据生产管理信息系统的数据作为处理对象，是将数据生产管理信息系统各阶段数据累加存储的数据应用系统，它用于对历史数据进行查询、统计、分析和挖掘。

问题③和问题④可以放在一起处理。由于历史数据量规模庞大、相对稳态，其存储和加工处理与数据生产管理信息系统的思路应有很大的不同。结构化数据存储是为了分析而存储，采用分布式方式，其目标有两个：一是在海量的数据库中快速查询历史数据；二是在海量的数据库中分析和挖掘有价值的信息。

分布式数据库系统有效整合了数据库和网络技术，通过小型计算机系统构建庞大数据库。其特点包括物理分布性、逻辑整体性、体系结构灵活、经济性能优越、高可靠性和可用性，以及卓越的可扩展性。

2. 非结构化数据存储

非结构化数据涵盖多种格式，包括文件、图片、视频、语音、邮件和聊天记录等，需要进行二次处理以获得有价值的信息。与结构化数据不同，对其进行分析需要额外的步骤。

传统的本地文件系统在处理非结构化数据的庞大数量和复杂性方面面临困难，导致瓶颈和较慢的处理过程。元数据服务器和存储节点的分布式文件系统提供了强大的解决方案。其核心概念包括将数据分布到多个服务器上，提高存储容量，并减轻对单个服务器的压力。

元数据服务器管理有关数据的关键信息，促进了高效的定位和访问。存储节点承载实际数据，通过网络进行分发和复制，以提高耐久性和可用性。这种分布式方法确保了容错性和对硬件故障的韧性。

通过将大型数据问题分解并在多个节点上实现并行处理，分布式文件系统提高了存储容量、可访问性和处理速度。它们在释放非结构化数据的分析潜力方面发挥了关键作用，将存储转变为分析的动态组成部分，而不仅仅是一个仓库。

3. 半结构化数据存储

半结构化数据是指数据中既有结构化数据，也有非结构化数据，比如，摄像头回传给后端的数据中有位置、时间等结构化数据，还有图片等非结构化数据。这些数据是以数据流的形式传递的，所以半结构化数据也叫流数据。对流数据进行处理的系统叫做数据流系统。

数据流的特点是数据不是永久存储在数据库中的静态数据，而是瞬时处理的源源不断的连续数据流。在大量的数据流应用系统中，数据流来自地理上不同位置的数据源，非常适合分布式查询处理。

分布式处理是数据流管理系统发展的必然趋势，而查询处理技术是数据流处理的关键技术之一。在数据流应用系统中，系统运行环境和数据流本身的一些特征不断发生变化，因此，对分布式数据流自适应查询处理技术的研究成为数据流查询处理技术研究的热门领域之一。

3.2.2　大数据存储面临的问题

大规模数据存储对基础硬件架构和文件系统的成本效益标准相对于传统技术而言更加严格。与此同时，对存储容量、弹性、可扩展性的需求更加突出。在历史上，诸如网络附加存储（NAS）和存储区域网络（SAN）等体系结构中，负责存储和计算的物理设备分离，通过网络接口连接。这种分离通常导致在涉及大量数据处理的计算任务中，输入/输出（I/O）很容易成为瓶颈。

与此同时，传统的单机文件系统（如 NTFS）和网络文件系统（如 NFS）规定一个文件系统的数据必须存储在一台物理机器上，缺乏冗余性。因此，这些系统在满足大数据的可扩展性、容错性和并发读写操作等要求方面面临挑战。解决这些挑战需要探索更具适应性和高效性的大规模数据存储解决方案，特别关注以下关键问题。

1. 容量问题

大数据存储系统需要无缝横向扩展，达到百万亿字节级别，对扩展性的要求更加提高。扩展过程应简便，能够在无需停机的情况下增添模块或磁盘组。

2. 延迟问题

部分大数据应用程序具有实时响应的紧迫需求，尤其是涉及在线交易的应用程序。固态存储设备，包括可以在服务器内部进行快速缓存的设备、利用闪存存储的全固态可扩展存储系统等，为迅速的读/写操作提供了可行的解决方案。

3. 安全问题

遵循特定安全标准的行业，如金融、医疗和政府部门等，对大数据应用提出了独特的安全挑战。此外，在大数据分析中引用多种数据类型的复杂任务引入了与安全相关的新考虑。

4. 成本问题

对于踏上大数据之旅的企业来说，追求成本效益是一个至关重要的问题。数据去重技术已成为主流存储市场成本控制策略的重要组成部分。

5. 数据的积累

确保长期数据保留要求存储产品能够持续进行数据一致性检查并具备高可用性。存储产品应无缝支持数据的原地更新，同时保留历史记录。

6. 灵活性

精心设计对于保证大数据存储系统的灵活性至关重要。适应各种应用和数据场景的能力对大数据存储基础设施而言至关重要，从而有效地避免了复杂的数据迁移过程。

7. 应用感知

应用感知技术在主流存储系统中的不断普及，在提升整体效率和性能方面起着关键作用。

8. 针对小用户

大数据能满足的不仅仅是大公司，一些存储供应商积极研发经济实惠的小型"大数据"存储系统，旨在满足小企业的独特需求。

3.2.3 结构化查询语言和传统数据库的技术

传统的数据存储主要采用的是 RDBMS 和 SQL 等技术，RDBMS 通过 SQL 这种标准语言对数据库进行操作。比较典型的关系型数据库管理系统有 SQLServer、MySQL、Oracle 和 DB2 等。

在传统的关系型数据库中，数据被归纳为表（Table）的形式，并通过定义数据之间的关系，来描述严格的数据模型，这种数据类型也称为结构化数据。这种方式需要在输入数据的含义的基础上，事先对字段结构做出定义，一旦定义好后数据库的结构就相对固定。

在数据一致性上，传统关系型数据库存在一个经典的 ACID 原则，即原子性（Atomicity）、一致性（Consistency）、隔离性（Isolation）和持久性（Durability）。遵循这一原则在于保证数据存储时保持严密的一致性，然而这也导致其在扩展性能上的欠缺。当数据库存储的数据量增加时，基本是采取增加数据库服务器的数量这样向上扩展的方法进行扩容，难以进行架构上的横向扩展。

3.2.4 NoSQL 数据库的技术

尽管 NoSQL 这个概念是近几年才被提出的，但其实 NoSQL 并不是一个新鲜事物，最早的 NoSQL 系统可以追溯到 20 世纪 80 年代的 Berkeley DB。NoSQL 也可以认为是 "Not Only SQL" 的简写，是对不同于传统的关系型数据库管理系统的统称，其中最重要的就是 NoSQL 不使用 SQL 作为查询语言。目前市场上存在多种 NoSQL 数据库，它们都各有自己的特点。

1. NoSQL 数据库的意义

大多数的 NoSQL 数据库的研发动机，都是为了要在集群环境中运行。关系型数据库使用 ACID 原则来保持整个数据库的一致性，而这种方式本身与集群环境冲突。所以，NoSQL 数据库为处理并发及分布问题提供了众多选项。然而，并非所有的 NoSQL 数据库都是为在集群环境中运行设计的。图数据库就属于这种风格的 NoSQL 数据库，它的分布模型与关系型数据库相似，但其数据模型能更好地处理复杂的数据关系。

使用 NoSQL 的好处是，开发者可以将精力集中在应用、业务或者组织上面，而不用担心数据库的扩展性。但是，仍有许多应用不能使用 NoSQL，因为它们无法放弃一致性的需求，通常这些都是需要处理复杂关联性数据的企业级应用（如财务系统、订单系统、人力资源系统等）。包括谷歌在内的一些公司发现，采用 NoSQL 数据库会迫使开发者在应用开发过程中花费过多的精力来处理一致性数据以提高事务的执行效率。

2. NoSQL 数据库的类型

NoSQL 官网显示的 NoSQL 数据库已超过 200 种，对比传统关系型数据库，NoSQL 大致分为几种：列存储数据库、键值存储数据库、文档存储型数据库和图数据库等。

（1）列存储数据库

大部分数据库都以行为单位存储数据，尤其是在需要提高写入性能的场合更是如此。然而，有些情况下写入操作执行得很少，但是经常需要一次读取若干行中的很多列。在这种情况下，将所有行的某一列作为基本数据存储单元，效果会更好，列存储数据库由此得名。列存储数据库将列组织为列族，每一列都必须是某个列族的一部分，而且访问数据的单元也是列，这样设计的前提是，某个列族中的数据经常需要一起访问。典型的列存储数据库有HBase、Cassandra 等。

（2）键值存储数据库

键值存储数据库是最常用的 NoSQL 数据库，它的数据是以键值对（Key-Value）的形式存储的。键值存储数据库对于 IT 系统来说优势在于简单、易部署、处理速度非常快。但是，键值存储数据库只能通过键的完全一致查询获取数据，并且，当需要只对部分值进行查询或更新时，键值存储数据库就显得效率低下了。根据数据的保存方式，键值存储数据库划分为：临时性、永久性和两者兼具 3 种类型。临时性键值存储数据库把所有的数据都保存在内存中，可以非常快速地保存和读取数据。但是，存在数据可能丢失的问题，MemcacheDB 便属于这种类型。永久性键值存储数据库把数据保存在硬盘上，读取速度虽然不如临时性键值存储数据库快，但是数据不会丢失，Tokyo Tyrant、Flare、ROMA 等属于这种类型。两者兼具键值存储数据库首先把数据保存到内存中，在满足特定条件时把数据写入硬盘中，这样既确保了内存中数据的处理速度，又可以通过写入硬盘来保证数据的永久性，Redis 就属于这种类型。

（3）文档存储型数据库

文档存储型数据库的数据模型是版本化或半结构化的文档，并以特定的格式存储。文档存储型数据库可以看作是键值存储数据库的升级版，允许之间嵌套键值，但是文档存储型数据库的查询效率更高。文档存储型数据库可以通过复杂的查询条件来获取数据，虽然不具备事务处理和 JOIN 这些关系型数据库所具有的处理能力，但除此之外其他的数据处理基本上都能实现。典型的文档存储型数据库有 MongoDB、CouchDB 等。

（4）图数据库

与传统的关系型数据库或 SQL 数据库相比，图数据库采用了灵活的图结构模型，并具备跨多个服务器进行扩展的能力。在许多应用中，领域对象模型天然地体现了图结构。以围绕社交网络为中心的应用为例，用户作为实体通过各种关系相互连接，包括家庭关系、友谊关系和职业关系等。每种关系都具有独特的属性。在这种情况下，使用图数据库存储数据成为一种实用且高效的选择。

3.2.5 NewSQL 数据库的技术

NewSQL 是一类现代关系型的数据库，旨在为 NoSQL 的联机事务处理（OLTP）读写负载提供相同的可扩展性能，同时仍然提供事务的 ACID 特性。换言之，NewSQL 希望达到与 NoSQL 相同的可扩展性，又能保留关系模型和事务支持，使得应用可以执行大规模的并发事务，并使用 SQL 而不是特定的编程接口（API）来修改数据库的状态。NewSQL 结合了传统关系型数据库和灵活的 NoSQL 数据库的优点，可以预测 NewSQL 是未来数据库的发展方向。

基于 NewSQL 的定义，并根据 NewSQL 数据库的实现方式，可以将 NewSQL 数据库大致分为三类：第一类是使用全新的架构；第二类是重新实现数据分片基础架构，并在此基础上开发数据库中间件；第三类是来自云服务提供商的数据库即服务（Database-as-a-Service，DBaaS），同样基于全新的架构。

1. 使用全新的架构

全新的架构意味着摆脱现有系统中固有的设计约束，标志着与传统范式的背离。所有属于这一分类的数据库均采用分布式架构，在非共享资源上运作。它们包含多节点并发控制、基于复制的容错、流控制和分布式查询处理等组件。采用专为分布式系统设计的数据库的独特优势在于，能够对系统的每个方面进行多节点环境的优化，包括对查询优化和对节点间通信协议的精细调整。此外，这些数据库具有自主管理主存储的能力，无论其位于内存中还是磁盘上。

这些数据库通过专为其资源开发的定制引擎分布数据，不依赖于现有的分布式文件系统或存储结构。这使得数据库能够"向数据发送存储"，而不是"将存储带给查询"，从而降低网络流量的消耗。与传输数据相比，传输查询所需的网络流量显著减少。尽管具有这些优点，采用具有这种创新架构的 Ne-wSQL 数据库却呈下降态势。这一趋势归因于其缺乏广泛的安装基础和在实际生产环境中的验证。

2. 实现、开发数据分片中间件

用户可以借助数据分片中间件将数据库划分为多个部分，并存储到由多个单节点机器组成的集群中。集群典型的架构是在每个节点上都安装一个组件来与中间件通信，这个组件负责代替中间件在数据库实例上执行查询并返回结果，最终由中间件整合。对应用来说，中间件就是一个逻辑上的数据库，应用和底层的数据库都不需要修改。使用数据分片中间件的核心优势在于，它们通常能够非常简单地替换原先使用单节点数据库的应用的数据库，并且开发者无需对应用做任何修改。

这类数据库采用的是面向磁盘存储架构，不能像新架构的 NewSQL 系统那样使用面向内存的存储管理和并发控制方案。中间件会导致在分片节点上执行复杂查询操作时出现冗余的查询计划和优化操作（即在中间件执行一次，在单节点上再执行一次），不过所有节点可以对每个查询使用局部的优化方法和策略。

3. 源于云服务的 DBaaS

DBaaS 是由云服务商所提供的 NewSQL 解决方案，代表着一种范式转变。该模型使用户不需在个体硬件或云端虚拟机上安装和维护数据库。服务提供商承担了管理数据库物理机及其配置的全部责任。这包括从系统优化（包括缓冲池调整）到复制和备份等各个方面的任务。DBaaS 的最终用户体验简化为接收一个用于连接数据库的统一资源定位符（URL），附带一个监控仪表盘页面或一套用于精简系统控制的应用处理程序（AH）。

3.2.6 分布式存储和云存储的技术

大数据的兴起引发了数据量的大幅增长，使得传统的集中式存储在容量和性能方面都显得不足以有效满足大数据不断增长的需求。因此，具有卓越可扩展性的分布式存储和云存储已经成为主导大数据存储的范式。分布式存储在性能、维护和容错等方面具有各种优势。云存储通常以普通硬件设备作为基础设施，导致单位容量存储成本显著降低。

1. 分布式存储的技术

分布式存储系统需要解决的关键技术问题包括可扩展性、数据冗余性、数据一致性、缓存等。从架构上讲，分布式存储大体可以分为 C/S（Client/Server，客户机/服务器）架构和 P2P（Peer-to-Peer，端到端）架构两种。当然，也有一些分布式存储中会同时存在这两种架构方式。谈到分布式系统的设计，便会提及著名的 CAP 理论，该理论指出，一个分布式系统不可能同时保证一致性（Consistency）、可用性（Availability）和分区容错性（Partition tolerance）这三个要素。因此，一个分布式存储系统将根据其具体业务特征和具体需求，最大化地优化其中两个要素。当然，一个分布式存储系统往往会根据其业务的不同，在特性设计上做不同的取舍，比如是否需要缓存模块、是否支持通用文件系统接口等。

下面以经典的 GFS 和 HDFS 为例，分析一个分布式文件系统的设计和实现。

（1）GFS

GFS 是谷歌为存储海量搜索数据而设计的可扩展的分布式文件系统。GFS 是构建在普通服务器之上的大型分布式系统，它将服务器故障视为正常现象，通过软件的方式自动容错，在保证系统可靠性和可用性的同时，大大降低系统的成本。

GFS 是谷歌分布式存储的基石，其他存储系统，如 Google Bigtable、Google Megastore、Google Percolator 均直接或者间接地构建在 GFS 之上。GFS

将数据（Data）和元数据（Metadata）的存储分开，分别存放在分块服务器
（Chunkserver）和主服务器（Master）上。其中分块服务器是分布式的，所有
的数据块都通过简单的复制分布在多台分块服务器上；而主服务器则是单一
节点，负责命名空间（Namespace）等元数据的存储和维护。客户端只有执行
与元数据相关的操作时，才会与主服务器打交道，比如文件的打开、创建等
操作；而所有与数据相关的操作，比如读、写操作，客户端只需要与分块服
务器直接通信。这样的设计减轻了主服务器的负担，因此也成为分布式存储
系统设计的一个重要范式。

（2）HDFS

HDFS 是一个经典的分布式文件系统，它提供了一个高度容错性和高吞吐
量的大数据存储解决方案。大概可以认为，HDFS 是 GFS 的一个开源的简化
版，二者有很多相似之处，但二者在关键点的设计上差异很大，HDFS 相较
GFS 的复杂度进行了很多简化。首先，GFS 允许文件被多次或者多个客户端
同时打开以追加数据，而在 HDFS 中，文件只允许一次打开并追加数据，客
户端先把所有数据写入本地的临时文件中，等到数据量达到一个块的大小
（通常为 64 MB），再将一个块的数据一次性写入 HDFS。其次，是主服务器单
点故障的处理，GFS 采用主从模式备份主服务器的系统元数据，当主服务器
失效时，可以通过分布式选举备份机的方法接替主服务器继续对外提供服务；
而 HDFS 主服务器的持久化数据只写入本地（可能备份到本地的多个磁盘
中），出现单点故障时则需要人工介入。最后是对快照的支持，GFS 通过内部
采用写时复制原理（Copy-On-Write）的数据结构实现集群快照功能，HDFS
则不支持快照功能。

2. 云存储的技术

云存储是由第三方运营商提供的在线存储系统，比如面向个人用户的在
线网盘和面向企业的文件或对象存储系统。云存储的运营商负责数据中心的
部署、运营和维护等工作，将数据存储以服务的形式提供给客户，客户不需
要自己搭建数据中心和基础架构，也不需要关心底层存储系统的管理和维护

等工作，并且可以根据业务需求动态地扩大或减小其对存储容量的需求。

云存储背后的技术主要是分布式存储技术和存储虚拟化技术。存储虚拟化是通过抽象和封装底层存储系统的物理特性，将多个互相隔离的存储系统统一化为一个抽象的资源池的技术。

存储虚拟化技术主要分为3种：一是基于主机的虚拟化存储；二是基于网络的虚拟化存储；三是基于存储设备的虚拟化存储。通过存储虚拟化技术，用户数据可以实现逻辑上的分离、存储空间的精简配置等特性。总而言之，云存储通过集中统一地部署和管理存储系统，降低了数据存储的成本，从而降低了大数据行业的准入门槛。

3.3　大数据处理与计算技术

随着数据持续爆炸式的增长，仅仅对数据进行存储是远远不够的，还需要对其进行有效的处理和计算。

大数据的处理可分为离线/批量和在线/实时两种模式，两种模式的数据源信息和分析目标不同。其中离线/批量多用于事后分析，比如分析用户的消费模式，只有等数据积累到一定程度后才进行批量处理。而在线/实时处理是指数据产生后立刻需要进行分析，比如用户在网络中发布的微博或其他消息。

这两种模式的处理技术完全不一样。离线模式要求强大的存储能力，容许的分析时间也相对较长；而在线模式需要强大的实时计算能力，容许的分析时间也相对较短。

不同的分析模式，对应的处理方式和平台也不一样。Hadoop、Storm 和 Spark 是目前最重要的三大分布式计算系统，Hadoop 常用于离线的复杂的大数据分析处理，Spark 常用于离线的快速的大数据处理，而 Storm 常用于在线的实时的大数据处理。

3.3.1　Hadoop 处理平台

雅虎的工程师道·卡廷（Doug Cutting）和迈克·卡法雷（Mike Cafarella）

在 2005 年合作开发了分布式计算系统 Hadoop。后来，Hadoop 被贡献给了 A-pache 基金会，成为了 Apache 基金会的开源项目。道·卡廷也成为 Apache 基金会的主席，主持 Hadoop 的开发工作。Hadoop 采用 MapReduce 分布式计算框架，并根据 GFS 开发了 HDFS 分布式文件系统，根据 BigTable 开发了 HBase 数据存储系统。尽管和谷歌内部使用的分布式计算系统原理相同，但是 Hadoop 在运算速度上依然达不到谷歌论文中的标准。不过，Hadoop 的开源特性使其成为分布式计算系统的事实上的国际标准。雅虎、脸书、亚马逊以及国内的百度、阿里巴巴等众多互联网公司都以 Hadoop 为基础搭建自己的分布式计算系统。

Hadoop 是使用 Java 编写、允许分布在集群、使用简单的编程模型的计算机大型数据集处理的 Apache 的开源框架。Hadoop 框架应用工程提供跨计算机集群的分布式存储和计算的环境。Hadoop 的目的是从单一的服务器到上千台机器的扩展，每个机器都可以提供本地计算和存储。

Hadoop 的生态系统，主要由 HDFS、YARN、MapReduce、HBase、Zoo-keeper、Pig、Hive 等核心组件构成，另外还包括 Flume、Flink 等框架以用来与其他系统融合。

1. Hadoop 架构

Hadoop 是 Apache 的一个分布式系统基础架构，可以为海量数据提供存储和计算。Hadoop 2.0 即第二代 Hadoop 系统，其框架最核心的设计是 MapReduce、HDFS 和 YARN。其中，MapReduce 用于分布式计算，HDFS 为海量数据提供存储，YARN 用于进行资源管理。

Hadoop 2.0 的主要改进有：通过 YARN 实现资源的调度与管理，从而使 Hadoop 2.0 可以运行更多种类的计算框架，如 Spark 等；实现了 NameNode 的 HA 方案，即同时有 2 个 NameNode（一个 Active 另一个 Standby），如果 Active NameNode 出现故障，另一个 NameNode 会转入 Active 状态提供服务，保证了整个集群的高可用；实现了 HDFS federation，由于元数据放在 NameNode 的内存当中，内存限制了整个集群的规模，通过 HDFS federation 使多个 NameNode 组成一个联邦共同管理 DataNode，这样就可以扩大集群规模。Hadoop RPC 序列化扩展性好，可以将数据类型模块从 RPC 中独立出来，成为一个可插拔模块。

（1）MapReduce

MapReduce 是一种并行编程模型，用于编写普通硬件的设计。其来源于谷歌公司的杰弗里·迪安（Jeffrey Dean）和桑杰·格玛沃特（Sanjay Ghemawat）于 2004 年发表的一篇论文，是一种为解决海量数据的高效处理所提出的方案。

简单来说，MapReduce 是一种分布式的计算框架，或者说是支持大数据批量处理的编程模型。MapReduce 程序可在 Apache 的开源框架 Hadoop 上运行。

（2）HDFS

HDFS 是一个分布式文件系统，具有高容错的特点。它可以部署在廉价的通用硬件上，提供高吞吐率的数据访问，适合需要处理海量数据集的应用程序。

HDFS 的主要特点有：支持超大文件，如 TB 级的数据文件；检测和快速应对硬件故障，HDFS 的检测和冗余机制很好地克服了大量通用硬件平台上的硬件故障问题；简化一致性模型，一次写入、多次读取的文件处理模型有利于提高吞吐量；高吞吐量，批量处理数据。

HDFS 不适合的场景：低延迟数据访问；大量的小文件；多用户写入文件、修改文件。

（3）YARN

YARN 是 Hadoop 2.0 的资源管理器。它是一个通用的资源管理系统，可为上层应用提供统一的资源管理和调度，它的引入为集群在利用率、资源统一管理和数据共享等方面带来了巨大好处。

YARN 的基本设计思想是将 Hadoop 1.0 中的 JobTracker 拆分成了两个独立的服务：一个全局的资源管理器 ResourceManager 和每个应用程序特有的 ApplicationMaster。其中 ResourceManager 负责整个系统的资源管理和分配，而

ApplicationMaster 负责单个应用程序的管理。

YARN 总体上仍然是 Master/Slave 结构。在整个资源管理框架中，ResourceManager 为 Master，NodeManager 为 Slave，并通过 HA 方案实现了 ResourceManager 的高可用。ResourceManager 负责对各个 NodeManager 上的资源进行统一管理和调度。当用户提交一个应用程序时，需要提供一个用以跟踪和管理这个程序的 ApplicationMaster，它负责向 ResourceManager 申请资源，并要求 NodeManger 启动可以占用一定资源的任务。由于不同的 ApplicationMaster 被分布到不同的节点上，因此它们之间不会相互影响。

2. Hadoop 优缺点

（1）优点

高可靠性。Hadoop 按位存储和处理数据的能力值得人们信赖。

高扩展性。Hadoop 是在可用的计算机集簇间分配数据并完成计算任务的，这些集簇可以方便地扩展到数以千计的节点中。

高效性。Hadoop 能够在节点之间动态地移动数据，并保证各个节点的动态平衡，因此处理速度非常快。

高容错性。Hadoop 能够自动保存数据的多个副本，并且能够自动将失败的任务重新分配。

低成本。Hadoop 本身是运行在普通 PC 服务器组成的集群中进行大数据的分发及处理工作的，这些服务器集群是可以支持数千个节点的。

（2）缺点

不适合低延迟数据访问。Hadoop 设计的目的是大吞吐量，所以并没有针对低延迟数据访问做一些优化，如果要求低延迟，可以看看 Hbase。

无法高效存储大量小文件。由于 NameNode 把文件的 MetaData 存储在内存中，所以大量的小文件会产生大量的 MetaData。因此其仅适用于百万级别的文件数目，而难以用于处理更高数量级。

不支持多用户写入及任意修改文件。Hadoop 现在还不支持多人写入、任意修改的功能，也就是说每次写入都会添加在文件末尾。

3. Hadoop 应用场景

在线旅游：目前，全球范围内 80% 的在线旅游网站都是在使用 Cloudera 公司提供的 Hadoop 发行版，SearchBI 网站曾经报道过的 Expedia 也在其中。

移动数据：据 Cloudera 运营总监称，美国有 70% 的智能手机数据服务背后都是由 Hadoop 来支撑的，也就是说，包括移动数据的存储以及无线运营商的数据处理等，都是在利用 Hadoop 技术。

电子商务：在这一应用场景中，易贝就是最大的实践者之一。国内的电商平台在 Hadoop 技术上也是储备颇为雄厚的。

能源开采：美国雪佛龙公司是全美第二大石油公司，他们的 IT 部门主管介绍了雪佛龙使用 Hadoop 的经验，他们利用 Hadoop 进行数据的收集和处理，主要是针对海洋的地震数据，以便于他们找到油矿的位置。

基础架构管理：用户可以用 Hadoop 从服务器、交换机以及其他的设备中收集并分析数据。

图像处理：星球实验室公司使用 Hadoop 来存储并处理图片数据，从卫星拍摄的高清图像中探测地理变化。

诈骗检测：这个场景用户接触的比较少，一般是金融服务或者政府机构会用到。利用 Hadoop 来存储所有的客户交易数据，包括一些非结构化的数据，能够帮助机构发现客户的异常活动，预防欺诈行为。

IT 安全：除企业 IT 基础机构的管理之外，Hadoop 还可以用来处理机器生成数据以便甄别来自恶意软件或者网络中的攻击。

医疗保健：医疗行业也会用到 Hadoop，例如 IBM 的超级电脑 Watson 就会使用 Hadoop 集群作为其服务的基础，包括语义分析等高级分析技术。医疗机构可以利用语义分析实现对患者病情的准确理解，并协助医生更好地为患者进行诊断。

3.3.2 Storm 处理平台

伴随着信息科技日新月异的发展，信息呈现出爆发式的膨胀，人们获取信息的途径也更加多样、更加便捷，同时对于信息的时效性要求也越来越高。举个搜索场景中的例子，当一个卖家发布了一条产品信息时，他希望的当然是这个产品马上就可以被买家搜索、点击、购买；相反，如果这个产品要等到第二天或者更久才可以被搜索出来，就不太适合了。再举一个推荐的例子，如果用户昨天在淘宝上买了一双袜子，今天想买一副泳镜去游泳，但是却发现系统在不遗余力地给他推荐袜子、鞋子，根本对他今天寻找泳镜的行为视而不见，估计用户心里就会想推荐不准。其实这是因为后台系统做的是每天一次的全量处理，而且大多是在夜深人静之时做的，那么用户今天白天做的事情当然要明天才能反映出来。

Storm（Apache Storm）便是被设计用来处理大规模的实时数据流，通过将数据流分解成小的微批次（Spouts 和 Bolts），然后分布式地在计算节点上执行，实现了高吞吐量和低延迟的实时数据处理。Storm 是一个开源的、分布式的流处理系统，最初由推特开发并开源。它具备高效、高度可扩展、容错性强、实时流处理等特点。

Storm 提供了一系列通用的原语，旨在促进分布式实时计算。这一能力在流处理中得到应用，实现对消息的实时处理和数据库的更新，为队列和工作者集群的管理提供了一种替代方案。除了流处理之外，Storm 还扩展了其实用性到连续计算，支持对数据流进行连续查询，并在计算过程中以流的形式向用户呈现结果。此外，它还应用于分布式 RPC，以并行化计算密集型任务。Storm 简化了在计算机集群中开发和扩展复杂实时计算的过程，确保每个消息都能够迅速得到处理。在一个紧凑的集群中运行时，Storm 展现了每秒处理数百万消息的能力。值得注意的是，Storm 支持使用任何编程语言，并支持采用多种编程范式开发解决方案。

1. Storm 架构

全量数据处理使用的大多是鼎鼎大名的 Hadoop 或者 Hive，作为一个批处理系统，Hadoop 以其吞吐量大、自动容错等优点，在海量数据处理上得到了广泛的使用。但是，Hadoop 不擅长实时计算，因为它天然就是为批处理而生的，这也是业界一致的共识。

在 2011 年 Storm 开源之前，由于 Hadoop 的火红，整个业界都在热烈地谈论大数据。Hadoop 的高吞吐、强数据处理的能力使得人们可以方便地处理海量数据。但是，Hadoop 的缺点也和它的优点同样鲜明——延迟大、响应缓慢、运维复杂。

有需求也就有创造，在 Hadoop 基本奠定了大数据霸主地位的时候，很多的开源项目都是以弥补 Hadoop 的实时性不足为目标而被创造出来，而在这个节骨眼上 Storm 横空出世了。

Storm 主要分为两种组件：Nimbus 和 Supervisor。这两种组件都是快速失败（fail-fast）和无状态的。Storm 所有的状态信息和心跳信息（tickTime）都保存在 Zookeeper 上，提交的代码资源都在本地机器的硬盘上。

Nimbus 负责在集群里面发送代码，分配工作给机器，并且监控状态，全局只有一个。Supervisor 会监听分配给它那台机器的工作，根据需要启动/关闭工作进程（Worker）。每一个要运行 Storm 的机器上都要部署一个 Supervisor，并且，按照机器的配置设定上面分配的槽位数。

Zookeeper 是 Storm 重点依赖的外部资源。Nimbus 和 Supervisor 甚至实际运行的 Worker 都是把心跳保存在 Zookeeper 上的。Nimbus 也是根据 Zookeerper 上的心跳和任务运行状况，进行调度和任务分配的。

Storm 提交运行的程序称为 Topology。Topology 处理的最小的消息单位是一个 Tuple，也就是一个任意对象的数组。Topology 由 Spout 和 Bolt 构成。Spout 是发出 Tuple 的结点。Bolt 可以随意订阅某个 Spout 或者 Bolt 发出的 Tuple。Spout 和 Bolt 都统称为 Component。

2. Storm 优缺点

（1）优点

流数据处理：Storm 可以用来处理源源不断流进来的消息，处理之后将结果写入某个存储中去。

分布式 RPC：由于 Storm 的处理组件是分布式的，而且处理延迟极低，所以可以作为一个通用的分布式 RPC 框架来使用。

运维简单：Storm 的部署的确简单。虽然没有 Mongodb 的解压即用那么简单，但是它也就是多安装两个依赖库而已。

高度容错：模块都是无状态的，随时宕机重启。

无数据丢失：Storm 创新性提出的 ack 消息追踪框架和复杂的事务性处理，能够满足很多级别的数据处理需求。不过，越高的数据处理需求，性能下降越严重。

多语言：Storm 支持多种编程语言，包括 Java、Clojure 和 Python 等。

（2）缺点

编程门槛对普通用户来说较高：Storm 编程门槛对普通用户来说较高。首先，Storm 使用 Clojure 语言编写，Clojure 是一种基于 JVM 但类似于 Lisp 的函数式语言。使用 Storm，特别是查看 Storm 源码，需要开发者掌握 Clojure 语言。另外，Storm 虽然支持多种编程语言，但是直接使用 Java、Python 等编程接口很难理解 Storm 内部的执行机制。

框架本身不提供持久化存储：Storm 没有像 Hadoop 一样提供 HDFS 来使数据存储持久化，所以需要程序员自己负责数据的加载和保存。

框架不提供消息接入模块：Storm 不能直接和一些广泛使用的消息中间件产品进行对接，在消息的接入上需要用户自己编写代码来完成。

Storm UI 功能过于简单：Storm 虽然也提供类似于 Hadoop 的一个 http 接口来监控计算拓扑的运行状态，但是功能太过简单。

Bolt 复用困难：Storm 目前还不支持多个 Topology 中的 Bolt 进行复用。

存在 Nimbus 单点失效问题：这点类似于 Hadoop 的 NameNode，都存在单点失效问题。

Topology 不支持动态部署：Storm 中的数据流不能在不同的 Topology 之间进行流动，只能在同一个 Topology 的不同组件之间进行流动。

总之，Storm 作为出色的流式实时计算框架，其优点被许多企业认同，但仍有许多不足需要进一步完善和提高。

3. Storm 应用场景

Storm 被广泛应用于实时分析、在线机器学习、持续计算、分布式远程调用等领域。

网站性能监控：例如，Storm 被用于实时分析、系统监控携程网的网站性能。携程网利用 HTML5 提供的 performance 标准获得可用的指标，并记录日志；使用 Storm 集群实时分析日志和入库；使用 DRPC 聚合成报表，通过历史数据对比等判断规则，触发预警事件。

游戏实时运营：一个游戏新版本上线，使用 Storm 实时分析系统收集游戏中的数据，运营或者开发者可以在上线后几秒钟得到持续不断更新的游戏监控报告和分析结果，然后马上针对游戏的参数和平衡性进行调整。这样就能够大大缩短游戏迭代周期，加强游戏的生命力。

3.3.1 Spark 计算框架

Spark 发源于美国加州大学伯克利分校的 AMP 实验室。现今，Spark 已发展成为 Apache 软件基金会旗下的著名开源项目。Spark 是一个基于内存计算的大数据并行计算框架，从多迭代的批量处理出发，包含了数据库、流处理和图运算等多种计算范式，提高了大数据环境下的数据处理实时性，同时保证高容错性和可伸缩性。Spark 是一个正在快速成长的开源集群计算系统，Spark 生态系统中的软件包和框架日益丰富，使得 Spark 能够进行高级数据分析。

1. Spark 的优秀特性

作为一个面向大数据的并行计算框架，Spark 具有很多优秀的特性。

（1）快速处理能力

Hadoop MapReduce 将中间输出结果存储在 HDFS，但随着实时大数据的应用要求越来越多，读写 HDFS 造成磁盘 I/O 频繁的方式已不能满足这类需求。而 Spark 将执行工作流抽象为通用的有向无环图执行计划，可以将多任务并行或者串联执行，将中间输出结果存储在内存中，无需输出到 HDFS 中，避免了大量的磁盘 I/O。

（2）易于使用

Spark 支持 Java、Scala、Python 和 R 等语言，允许在 Scala、Python 和 R 中进行交互式的查询，大大降低了开发门槛。此外，为了适应程序员业务逻辑代码调用 SQL 的模式、围绕"数据库+应用"的架构工作的方式，Spark 支持 SQL 及 Hive SQL 对数据进行查询。

（3）支持流式运算

与 MapReduce 只能处理离线数据相比，Spark 还支持实时的流运算，可以实现高吞吐量的、具备容错机制的实时流数据的处理。Spark 从数据源获取数据之后，可以使用诸如 Map、Reduce 和 Join 等高级函数进行复杂算法的处理，最后还可以将处理结果存储到文件系统、数据库中，或者作为数据源输出到下一个处理节点。

（4）丰富的数据源支持

Spark 除了可以在 YARN 集群上运行之外，还可以读取 Hive、HBase、HDFS 以及几乎所有的 Hadoop 数据。这一特性让用户可以轻易迁移已有的持久化层数据。

2. Spark 生态系统 BDAS 的内容

BDAS 的核心框架是 Spark，同时涵盖了有 Spark SQL、Spark Streaming、机器学习库 MLlib 和图计算库 GraphX 等子项目。这些子项目在 Spark 上层提供了更高层、更丰富的计算范式。可见 Spark 专注于数据的计算，而数据的存储在生产环境中往往还是由 HDFS 承担。

以下是对 BDAS 的各个子项目的简要介绍。

（1）Spark SQL

Spark SQL 起源于伯克利实验室 Spark 生态系统中的前身 Shark。Spark SQL 致力于解决 Shark 存在的一些限制，尤其是对 Hive 的重度依赖，旨在实现在 Spark 环境中 SQL 查询的无缝集成和增强性能。

Spark SQL 取得的一个显著进展是在 SQL 查询处理速度方面的明显加速。通过对 Hive 的关键模块进行战略性修改，Spark SQL 克服了其前身中存在的瓶颈。

驱使 Spark SQL 脱离对 Hive 依赖限制的紧迫需求，使其成为更为自主和高效的解决方案。它引入了独特的功能，包括与各种数据源的兼容性以及性能优化，如内存存储、字节码生成和动态查询评估。

灵活性是 Spark SQL 的一个显著特点，其允许用户重新定义和扩展 SQL 语法解析和分析组件。这一特性使开发人员能够根据具体需求定制 SQL 查询，使 Spark SQL 与各种用户需求相契合。

总的来说，Spark SQL 的演进标志着在伯克利实验室 Spark 生态系统中进行的一次变革性之旅，纠正了限制，引入了创新，并为大数据领域中高效的 SQL 查询处理提供了一个强大而多才多艺的工具。

（2）Spark Streaming

Spark Streaming 是一种构建在 Spark 上的实时计算框架，它扩展了 Spark 处理大规模流式数据的能力，提供了一套高效、可容错的准实时大规模流式处理框架。Spark Streaming 具有可扩展性、高吞吐量、可容错性等特点，是目前比较流行的流式数据处理框架之一。它能和批处理及即时查询放在同一个软件中，降低学习成本。在 Spark 出现之前，构建一个包括流处理、批处理，甚至具有机器学习能力的复杂系统是非常难的，用户需要借助多方的开源系统，除了不同的编程模型开发，管理和维护多个框架的成本投入很大，导致一些公司望而却步。Spark 统一了编程模型和处理引擎，使这一切的处理流程非常简单。

⊗ Spark Streaming 抽象模型

Spark Streaming 对于数据流处理提供了非常高层的逻辑抽象，在 Spark Streaming 内部，最重要的抽象就是离散流（Discretized Stream，简称 DStream）。DStream 既可以由 Kafka、Flume 等源获取的输入流生成，也可以在其他的 DStream 的基础上进行高阶计算获得。在内部，DStream 是由一系列的 RDD 组成，且每个 RDD 都包含确定时间间隔内的数据。任何对于 DStream 的操作都会转换为对于包含在该流中的 RDD 进行操作。通过 Spark 内部引擎计算这些隐含 RDD，DStreams 操作隐藏了大部分的细节，并且为开发者提供了更便捷、更高效的 API。

◈ Spark Streaming 数据处理

当启动一个 Spark Streaming 应用时，必须先初始化一个被称为 Streaming-Context 的对象，创建该对象需要两个参数，一个参数是 Spark Conf 实例对象，另一个参数是批处理的间隔时间，用于表示流数据被分割的时间间隔。Spark Streaming 会将连续的数据流切分成批数据，然后再传进内部处理。批处理时间间隔的设定会影响 Spark Streaming 提交作业的频率和数据处理的延迟，同时也影响系统的吞吐量和性能。当一个 Streaming Context 定义之后，在启动之前，需要设定数据源，Spark Streaming 需要知道从哪里接收数据，如从 Kafka、Flume 等地方获取数据。启动之后，数据开始被接收并不断地传入 Spark Streaming 的内部，交由 Spark 引擎来处理。Spark Streaming 也提供了非常丰富的数据处理操作，主要包括三种类型：转换操作、窗口化操作和输出操作。

◈ Spark Streaming 的特性

消息接收的可靠性：Spark Streaming 程序需要不断接收新的数据，然后进行业务逻辑处理。用于接收数据的接收端是整个流式处理的起点，在数据源发出数据、接收端正确接收数据之后，Spark Streaming 接收端要向数据源发送一个确认信号，表明当前的数据已经被正确接收，保证了消息接收的可靠性。

持久化操作：和 RDD 相似，DStream 也允许开发者将数据流持久化到内存中，使用持久化方法会自动将一个 DStream 中的所有 RDD 持久化在内存中，这对于一个需要多次计算的 DStream 而言，是非常有用的方法。在 Spark Streaming 中，基于窗口的操作和基于状态的操作默认是持久化的，不需要开发者调用持久化方法。对于通过网络获取的输入数据流，默认的持久化级别是将数据复制到两个节点中。

较好的容错性：一个流式应用必须全天候 24 h 地运行。为了实现更好的容错性，能弹性地处理一些运行时与应用逻辑无关的故障，Spark Streaming 会设置检查点。检查点会将足够用于错误恢复的信息存储到容错系统中。使用检查点的 RDD 会导致额外的存储开销，这将会导致运行处理数据的时间增加。因此，在设置检查点的时间间隔时，需要根据实际的情况设计合理的时间间隔。

（3）GraphX

GraphX 作为 Spark 平台上处理图形的分布式框架，为图形计算和挖掘提供了简明、用户友好且功能丰富的接口。在满足不断增长的分布式图形处理需求方面，GraphX 具有显著的优势。在图形的分布式或并行处理中，采用的方法是将图形分割成无数子图。随后，在这些子图上进行独立计算，实现图形处理的模块化和高效化。计算的迭代执行展开在离散阶段，为整体计算过程增加了一层灵活性和控制。对图视图的所有操作，最终都会转换成与其关联的表视图的 RDD 操作来完成，在逻辑上，等价于一系列 RDD 的转换过程。GraphX 的特点是离线计算、批量处理、基于同步的整体同步并行计算模型（BSP），这样的优势在于可以提升数据处理的吞吐量和规模。

（4）MLlib

MLlib 是构建在 Spark 上的分布式机器学习库，它充分利用 Spark 的内存计算和适合迭代型计算的优势，将性能大幅度提升，让大规模的机器学习的算法开发不再复杂。

3.4　大数据分析技术

大型互联网企业专注于对半结构化数据进行浅层次分析，将非结构化数据，如语音和图像，视为巨大的挑战。尽管存在这些障碍，大数据分析被认为对企业的盈利至关重要。企业正经历着一个演变过程，希望超越监测现有数据，专注于分析和预测未来趋势。至关重要的是，大数据分析技术的发展取决于在高效处理结构化、半结构化数据，以及从复杂非结构化数据中提取隐含知识方面的突破。

3.4.1　大数据分析的特点

随着信息时代的到来，数据已经不再是简单的数字和文字，而是成为推动科技发展和业务创新的关键驱动力。大数据分析，作为在庞大、多样化数据中提取有价值的信息的过程，具有许多独特的特点，塑造了当今数据驱动决策和创新的格局。

1. 数据体量的爆炸性增长

大数据的第一个显著特点就是数据量庞大。传统的数据处理方法已经无法胜任处理这一海量级别的数据。大数据分析通过高度并行化的处理框架，能够有效地处理成百上千甚至更多的数据源，这些数据可能是结构化的，如数据库记录，也可能是半结构化或非结构化的，如社交媒体的评论、图像和视频等。

2. 多样性的数据来源

大数据面临的不仅仅是数量上的挑战，更是来自多样化数据来源的挑战。传感器、社交媒体、移动设备、传统企业系统等不同来源的数据形成了一个复杂的生态系统。大数据分析需要处理来自这些多样数据源的信息，并将它们整合成有意义的洞察。

3. 实时性要求

随着互联网的普及，信息传递的速度越来越快，实时性成了大数据分析的一个重要特点。特别是在金融、电商等领域，实时分析能够帮助企业迅速做出决策，抓住市场机会。大数据分析系统需要具备快速响应的能力，能够在数据产生的同时进行处理和分析。

4. 复杂和多层次的数据结构

大数据往往具有复杂和多层次的数据结构。这不仅仅包括数据的格式和存储方式，还包括数据之间的关联关系。大数据分析需要具备处理这种复杂性的算法和工具，以挖掘深层次的信息。

5. 高度的不确定性

大数据环境中数据的不确定性很高。数据的质量可能受到多种因素的影响，包括采集设备的误差、数据传输中的干扰等。因此，大数据分析需要具备强大的数据质量管理和清洗能力，确保分析结果的准确性。

6. 大规模的并行处理

为了应对大数据的处理需求，大数据分析通常采用分布式计算和大规模并行处理的技术。这意味着数据被分割成小块，分配到多个处理单元进行同时处理，从而提高处理效率。Hadoop 和 Spark 等分布式计算框架的出现，为大数据的并行处理提供了强有力的支持。

7. 需要深度学习和机器学习的结合

大数据分析不仅仅是对数据进行简单的查询和汇总，更是要挖掘其中的潜在规律和关联。深度学习和机器学习等先进技术的应用，使得大数据分析能够自动学习和适应新的数据模式，从而提高对未来数据的预测能力。

8. 隐私和安全的考虑

由于大数据通常涉及大量的个人隐私和敏感信息，隐私和安全问题成了大数据分析中需要特别重视的一个方面。保护用户的隐私，防止数据泄露，是大数据分析必须解决的重要问题。

9. 用户交互性和可视化需求

大数据分析的结果最终要为用户提供实际的决策支持。因此，用户交互性和可视化需求也成为大数据分析的重要特点。通过直观的图表、仪表盘等形式，能够将复杂的分析结果以清晰易懂的方式呈现给用户，使其能够更好地理解和利用分析结果。

10. 成本效益的权衡

大数据分析需要庞大的硬件、软件和人力资源投入。在设计和实施大数据分析系统时，必须在成本效益方面进行权衡，确保投入和产出之间达到合理的平衡。

综上所述，大数据分析在其庞大的数据量、多样的数据来源、实时性要求、复杂的数据结构等方面具有显著的特点。面对这些挑战，业界正在不断推陈出新，提出更加先进的技术和方法，以更好地发挥大数据在创新和决策中的潜力。

3.4.2 大数据分析的技术路线

当前的大数据分析范式主要以两种主要技术路径为特征。其一，通过手动建立数学模型，利用预先存在的知识，可以实现对数据的全面分析。其二，构建人工智能系统，利用大量样本数据进行训练，使机器能够从数据中提取知识，有效地替代人的干预。鉴于大数据领域普遍存在的非结构化数据，其具有模糊和波动的特征，对于知识提取而言，手动建立数学模型变得尤为复杂。因此，业界普遍认为，大数据分析的前景在于采用人工智能和机器学习技术。

在 2006 年，来自包括谷歌在内的知名公司的科学家提出了一种增强基于人类认知过程固有的分层特征的人工神经网络的方法。这涉及提倡在神经网络中增加层数和神经元节点的数量，从而增强机器学习能力，构建深度神经网络以提高训练效果。随后，对这一提议的实证验证引起了业界和学术界的广泛关注，为神经网络技术注入新的活力，并将其确立为数据分析领域的焦点。

在当代环境中，基于深度神经网络的机器学习技术在诸如语音和图像识别等领域取得了显著突破。然而，要使深度学习在大数据分析中得到广泛应用，仍然存在许多理论和工程挑战需要解决，主要是围绕增强模型迁移适应性和解决实施超大规模神经网络的复杂工程方面的挑战。成功解决这些挑战对于推动深度学习在大数据分析中的广泛应用至关重要。

3.4.3 数据分类方法

数据挖掘是从海量数据中获取有用知识和价值的过程，是数据库技术自然演化的结果。数据挖掘已广泛应用于零售、金融、保险等行业，并显示出强大的知识发现的能力。在数据挖掘的研究与应用中，分类算法一直广受学术界的关注，它是一种有监督的学习，通过对已知类别训练集的分析，从中发现分类规则，以此预测新数据的类别。下面为大家简要介绍两种数据分类方法。

1. 决策树

决策树是从决策分析理论发展而来的一种强大的分析工具，可以帮助管理者对一系列复杂的多层次问题进行结构化的决策。它提供了一种便于分析的理论框架，管理者可以利用这一框架明确量化地作出判断和权衡。决策树分析主要适用于以下两种决策情况：一是决策者必须从各种方案中选择一种或几种；二是选择出的一种或几种方案必须能够带来某种结果。但决策者事先无法确切地知道将会出现什么样的结果，因为行动的结果不仅取决于决策者的决策，而且也取决于一个或几个不确定事件的结果。

（1）决策树的含义

决策树就是对每个决策议案和整个决策局面的一种图解。用决策树可以使决策问题形象化。当项目需要选择某种解决方案或者确定是否存在某种风险时，决策树提供了一种形象化的基于数据分析和论证的科学方法。这种方法通过严密的逻辑推导和逐级逼近的数据计算，从决策点开始，按照所分析问题的各种发展的可能性不断产生分枝，并确定每个分枝发生的可能性大小以及发生后导致的损益值多少，计算出各分枝的损益期望值，然后将期望值中的最大者或最小者作为选择的依据，从而为确定项目选择方案或分析风险做出理性而科学的决策。决策树分析清楚显示出项目所有可供选择的行动方案、行动方案之间的关系、可能出现的自然状态及其发生的概率以及每种方案的损益期望值。

（2）决策树的优势

决策树的优势如下：

① 使用方便、直观。决策树就是对决策局面的一种图解，用决策树可以使决策问题形象化。

② 易于处理较复杂的决策问题。决策矩阵表示法只能表示单级决策问题，并且要求所有行动方案所面对的自然状态完全一致，而现实中的有些决策问题比较复杂，难以采取损益矩阵来表示，此时采用决策树方法更便于处理。

③ 易于解决多阶段的决策问题。在现实中，有些问题的决策带有阶段性，选择某种行动方案会出现不同的状态，按照不同的状态又要做下一步的行动决策以致产生更多的状态和决策。采用决策树方法，可以方便简捷、层次清楚地显示决策过程。

④ 易于进行预测后检验分析。

（3）决策树分析中的相关术语

决策树分析中的常见相关术语如下：

① 决策者：是对一个决策（或一系列决策）负责的人或团体。

② 备择方案：是决策者将做出决策的选项。

③ 自然状态：决策结果受到决策者无法控制的随机因素的影响。

④ 收益：每一种决策的备选方案及自然状态的组合都会导致某种结果，是衡量决策结果对决策者的价值的量化指标。

⑤ 期望收益：对于每一种备择方案，将每一个收益乘以相应自然状态的先验概率，乘积相加就得到收益的加权平均即为期望收益。

（4）决策树的构造

决策树的构造包括树枝、树干和节点。决策树的基本构造可从以下几方面来认识：

① 决策树包含了决策点，通常用方块或方格表示，在该点表示决策者必

须做出某种选择。

② 从决策点向右引出若干条支线，每条支线代表一个方案，叫作方案枝。

③ 在每个方案枝的末端画一个圆圈，称为机会点。从机会点引出若干条直线，每条直线表示一种自然状态，称为概率枝。每一概率枝实际就代表了一个条件结果。因此，我们在概率枝上标出该种自然状态出现的概率值，在概率枝末端标出该条件的损益值。

④ 计算每个方案的期望损益值，期望损益值为各方案下的条件损益值乘以其所对应各自然状态发生的概率之和。

⑤ 如果问题只需一级决策，就在概率枝的末端画"△"，表示终点；如果是多级决策，则用决策点"□"代替终点"△"，重复上述步骤，继续做出决策图。

⑥ 根据决策图中各方案的期望损益值的大小做出决策。

（5）决策树的分析步骤

决策树分析通常包括以下四个步骤：第一步是构建问题框架。首先要形成决策问题，包括提出各种可能的方案选项，并确定目标及各个方案结果的度量等。第二步是给每种可能的结果（不确定性）分配概率。针对各个方案出现不同结果的不确定性进行判断，这种不确定性通常用概率来描述。这种概率的分配可以是纯主观的，也可以是结合过去系统行为进行分析的结论。第三步是给每种结果分配可能的收益。利用各方案结果的度量值，比如收益值、效用值、损失值等，给出对各方案的偏好，这些偏好或收益与管理的目标一致。第四步是分析问题并选择最优行动方案。分析问题要采用称为"平均和回算"的方法。综合前面得到的信息，选择最为偏好的方案，必要时可以做一些灵敏度分析。

2. 人工神经网络

由于冯·诺依曼体系结构的局限性，数字计算机存在一些尚无法解决的问题。人们一直在寻找新的信息处理机制，神经网络计算就是其中之一。研究结果已经证明，用神经网络处理直觉和形象思维信息具有比传统处理方式好得多的效果。

（1）人工神经网络的特征

人工神经网络的特征主要分为 6 个方面。

一是固有的并行结构和并行处理。人工神经网络与人类的大脑类似，不但结构上是并行的，它的处理顺序也是并行的和同时的。在同一层内的处理单元都是同时操作的，即神经网络的计算功能分布在多个处理单元上。而一般计算机通常只有一个处理单元，其处理顺序是串行的。目前的神经网络功能常常用一般计算机的串行工作方式来模拟它的并行处理方式，所以显得很慢，而真正的神经网络将会大大提高处理速度，并能实现实时处理。

二是知识的分布存储。在神经网络中，知识不是存储在特定的存储单元中，而是分布在整个系统中，要存储多个知识就需要很多连接。在计算机中，只要给定一个地址就可得到一个或一组数据。在神经网络中要获得存储的知识则采用"联想"的办法，这类似人类和动物的联想记忆。当一个神经网络输入一个激励时，它要在已存储的知识中寻找与该输入匹配最好的存储知识为其解。这犹如一个中学教师可以容易地辨认出他的学生潦草的笔迹，甚至这些笔迹是变形的、失真的和缺损的。这就是说，人类根据联想善于正确识别图形，人工神经网络也是这样。联想记忆有两个主要特点：具有存储大量复杂图形的能力（如语音的样本、可视图像、机器人的活动、时空图形的状态和社会的情况等）；可以很快地将新的输入图形归并分类为已存储图形中的某一类。虽然一般计算机善于高速串行计算，但却不善于那种实时的图形识别。

三是具有较强的容错性。人类大脑具有很强的容错能力。我们知道，每天大脑的一些细胞会自动死去，但并没有影响人们的记忆和思考能力。这正是由于大脑中知识是存储在很多处理单元和它们的连接上的结果。人工神经网络也是这样，具有很强的容错性。它可以从不完善的数据和图形中进行学习和做出决定。由于知识存在于整个系统中，而不是在一个存储单元中，一定比例的节点不参与运算，对整个系统的性能不会产生重大影响，所以在神经网络中承受硬件损坏的能力比一般计算机强得多。一般计算机中，这种容错能力是很差的，如果去掉其任一部件，都会导致机器的瘫痪。

四是较强的适应性。人类有很强的适应外部环境的能力。一个刚出生的小孩，在周围环境的熏陶下可以学会很多事情，如通过学习可学会认字说话、走路，以及考虑、判断一些事物。人工神经网络也可通过学习具备这种能力。例如，1987 年，特伦斯·谢诺夫斯基和查尔斯·罗森伯格开发了一种人工神经网络的应用，称为 Nettalk 或朗读机，它可以对给它的英文课文进行大声朗读。为了使它学会这种本领，就必须先教它，这就是所谓"训练"。训练时，先给一篇课文，然后按顺序将课文的字母加到网络输入，并把控制该字母发音的信息作为输出，使网络按某种规律调节所有连接强度。通过多遍训练，网络就能学会朗读课文。这种训练方法称为有指导的训练。另一个例子是教网络识别数字图形，将数字图形加到网络输入，由网络给出相应的输出，这好像是告诉网络"当你看到这个图形（比如 5）时，请给我指示 5"。通过多次训练，网络就可识别数字图形。在训练网络时，有时只给它大量的输入图形，没有指定要求的输出，网络就自行按输入图形的特征对它们进行分类，就像小孩通过大量观察可以分辨出哪个是狗、哪个是猫一样。网络通过训练自行调节连接加权，从而对输入图形进行分类的特性，称为自组织特性。它所用的训练方法，称为无指导的训练。另外，人工神经网络还有综合推理的能力。综合推理是指网络具有正确响应和分辨从未见过的输入图形的能力。例如，在 Nettalk 中，训练它所用的课文中的字词是有限的，但它却可认识和朗读从未见过的词；进行数字图形的识别时，网络对于不完善的数字图形或失真的数字图形仍能正确辨认。人工神经网络的自适应性是其重要的特点。综上所述，人工神经网络的适应性一般包括学习性、自组织能力、推理能力和可训练性 4 个方面。正是由于人工神经网络具有自适应性，我们可以训练人工神经网络控制机器人在无人的地方、在水下航行器中以及在装配线上代替人的工作，甚至去完成一些诸如清除辐射物质的危险工作。

五是图形识别能力。目前有各种各样的神经网络模型，其中很多网络模型善于识别图形。有些被称作分类器，有些用于提取特征（如图形的边缘）

的系统被称为规则检测器，而另一些则是自动联想器。其大多数工作都与神经网络辨别图形的能力相关。总之，图形识别是人工神经网络最重要的特征之一，它不但能识别静态图形，对实时处理复杂的动态（随时间和空间而变化的）图形也具有巨大潜力。人工神经网络还可以识别一个不完善的输入图形，如输入图形缺损了一部分，或一部分被噪声破坏了，它仍能正确识别。这就像人们只要看一个人的大部分脸，就可以认出此人是谁一样。人工神经网络也善于通过观察部分图形猜测出整体图形，一般称这种特性为直觉特性。实际上，输入图形数据总是存在某种不精确性，所以它的直觉性是非常重要的。

六是人工神经网络的局限性。人工神经网络有着许多吸引人的特点，但它也有些不尽如人意之处，必须给予足够的重视。

人工神经网络的局限性主要体现在以下 6 个方面：

① 人工神经网络不适于高精度的计算。例如，正像很多人不善于直接计算资金类的问题一样，人工神经网络不用于计算资金方面的问题。

② 人工神经网络不能做类似顺序计数的工作，因为人工神经网络是以并行方式工作的。

③ 网络的学习训练是一个艰难的过程，网络的设计没有严格确定的方法，所以选择训练方法和所需网络结构没有统一标准。脱机训练往往需要很长时间，为了获得最佳效果，常常要重复试验多次才行。

④ 人工神经网络必须克服在时间域顺序处理方面的困难。为了解决语音识别、自然语言理解和图像随时间变化的问题，必须设计一个适于连续时间环境的网络。这一课题也是目前人们关注的问题之一。

⑤ 人工神经网络受到硬件限制。虽然我们常常在一般计算机上用模拟的方法研究人工神经网络的并行处理过程，但是模拟不是我们的目标，真正需要的还是真实的并行处理硬件。只有真正的并行处理，才能体现出人工神经网络高速、高效的特点，但目前这种硬件还未完善解决。

⑥ 如何收集正确的训练数据，以及对它们进行预处理，也是一个非常重要的问题。它涉及诸如文件转换、语音综合、从装配线上的物体反射的光波

的收集、手写体的数字化等。①

（2）人工神经网络的分类

人工神经网络是由大量的神经元互联而构成的网络。人工神经网络的研究主要集中在网络连接的拓扑结构、神经元的特征以及学习规则等方面。

根据人工神经网络模型的拓扑结构和权数的确定方法不同，人工神经网络主要分为：前馈（Feed-Forward）型和反馈（Feed-Back）型人工神经网络。

前馈（前向型）神经网络：这种网络拓扑结构将神经元分为不同的层，每一层的神经元之间没有信息交流，各个神经元接收前一级的输入，并输出到下一级，网络中没有反馈，可以用一个有向无环图表示。这种网络只在训练过程中会有反馈信号，而在分类过程中数据只能向前传送，直到到达输出层，层间没有向后的反馈信号。前馈型网络结构实现信号从输入到输出空间的变换，对信息的处理来自简单非线性函数的多次复合。典型的前馈型神经网络包括感知器与 BP 网络。

反馈型神经网络：是一种从输出到输入具有反馈连接的神经网络。网络内神经元之间有反馈，可以用一个无向的完备图表示。反馈型神经网络将整个网络看成一个整体，计算是整体性的，可以用动力学系统理论来处理，其结构比前馈网络要复杂得多。典型的反馈型神经网络有：Elman 网络、Hopfield 网络及玻尔兹曼机等。

学习是神经网络研究的一个重要内容。根据神经网络中学习规则和算法的不同，神经网络可以分为有监督学习和无监督学习两类。

有监督学习：也称为有指导学习。在网络输入端输入样本训练数据，在输出端将输出结果与期望结果进行比较，以此不断调整控制权值（W_1，W_2，$\cdots$，W_n）$^\mathrm{T}$，经过对此迭代训练后最终收敛于最佳的权值。利用此结构对新的样本数据进行预测等。

---

① 徐静波，周美华. 人工神经网络基本特征和进展 [J]. 上海工程技术大学学报，1994（02）：7-12。

无监督学习：也称为无导师学习网络。事先不给定标准样本，在只有输入数据而不知输出结果的前提下，其通过自动寻找样本中的内在规律和本质属性，自组织、自适应地改变网络参数与结构。在无监督网络中，学习阶段和工作阶段成为一体。

3.4.4　大数据分析过程

大数据分析过程的主要活动由识别信息需求、收集数据、分析数据、评价并改进数据分析的有效性组成。

1. 识别信息需求

确保数据分析过程有效性的关键因素在于对信息需求的明晰认识。这种认识在明确描绘数据的收集和分析的目标方面发挥着关键作用。在这个复杂的过程中，管理者负责阐述基于决策需求和过程控制紧急情况的信息需求。在过程控制的背景下，管理者被要求明确需要的信息，以促进对过程输入的审查，验证过程输出背后的理论基础，明智地分配资源，优化过程活动，并识别可能出现的任何偏差或异常。这一顺序方法显著有助于确保信息需求的准确性和全面性，从而为数据分析的后续阶段奠定坚实基础。

2. 收集数据

数据分析过程的有效性取决于数据收集的意识性和目的性，这需要组织进行详细的计划。这种计划涵盖了各个关键方面，首先包括将识别的需求转化为具体要求。例如，评估供应商所需的数据可能涉及与其过程能力和其测量系统固有的不确定性相关的复杂细节。其次，涉及明确数据收集将由谁、何时、何地以及通过哪些渠道和方法进行。再次，记录表格的设计应优先考虑用户友好性，确保在使用过程中易于操作。最后，必须采取主动措施防止潜在的数据丢失和无意中引入可能破坏系统完整性的虚假数据。这种详尽的计划，再加上预防措施的实施，共同有助于确保数据收集过程的全面性和准确性，为后续的细致数据分析阶段奠定了坚实的基础。

3. 分析数据

对收集到的数据进行分析是通过加工、整理和运用各种方法，将其转化为信息的关键步骤。在这个过程中，通常可以使用多种工具，包括但不限于：① 老七种工具，包括排列图、因果图、分层法、调查表、散布图、直方图、控制图；② 新七种工具，包括关联图、系统图、矩阵图、KJ 法、计划评审技术、PDPC 法、矩阵数据图。在这里，我们将重点介绍 KJ 法和 PDPC 法。

KJ 法，又被称为 A 型图解法或亲和图法，由东京工业大学教授川喜田二郎创始。KJ 是其姓名 Jiro Kawakita 的英文缩写。该方法通过收集未知问题、未曾接触过领域的问题的相关事实、意见或设想等语言文字资料，并利用其内在的相互关系制作归类合并图。这有助于从复杂的现象中整理出思路，抓住实质，找出解决问题的途径。

PDPC 法是 Process Decision Program Chart 的缩写，中文称之为过程决策程序图。PDPC 法是一种为了达成目标的计划，尽量导向预期理想状态的方法。该方法在制订计划阶段或进行系统设计时，通过事先预测可能发生的障碍，设计出一系列对策措施，以尽可能引导到最终目标，即达到理想结果。因此，PDPC 法也被称为重大事故预测图法，可用于防止重大事故的发生。

4. 评价并改进数据分析的有效性

在质量管理体系中，数据分析发挥着基础性的作用。组织管理者有责任通过在适当的时间间隔内对以下问题进行深入审查，评估数据分析的有效性。

决策信息的充分性和可靠性：评估与决策相关的信息是否充足、可靠。审查可能导致决策失败的潜在因素，如信息不足、不准确或延迟。

信息对持续改进的影响：调查信息在不断推动质量管理体系、流程和产品的改进方面是否发挥了符合期望的作用。评估数据分析在产品实现过程中的成功应用。

数据收集目标的明确性：明确数据收集目的，检查收集到的数据的真实性和充足性，并评估信息的畅通程度。

数据分析方法的合理性：审查数据分析方法的合理性及其控制风险的效果。

为数据分析充分分配资源：评估是否已获得进行数据分析所需的必要资源。

对这些问题的全面分析在确保组织框架内数据分析的有效性方面发挥着关键作用。

3.4.5　大数据分析方法

数据分析是采用适当的统计分析方法对大量收集的数据进行深入研究和综合总结的过程，通过对数据的汇总、理解和消化，旨在最大程度地挖掘数据的潜力，实现数据作用的充分发挥，并提取有用的信息，形成明确的结论。数据在这里也被称为观测值，是实验、测量、观察、调查等活动的产物。数据分析涉及的数据主要分为两类：定性数据和定量数据。定性数据指那些只能被归入某一类别，而不能通过数值进行度量的数据。在定性数据中，一些表现为类别但不区分顺序的被称为定类数据，例如性别、品牌等；而一些表现为类别且区分顺序的则是定序数据，例如学历、商品的质量等级等。

大数据分析的研究对象是大数据，它侧重于在海量数据中分析挖掘出有用的信息。对应大数据分析的两条技术路线，其分析方法可分为两类：一个是统计分析方法，另一个是数据挖掘方法。

1. 统计分析方法

（1）描述性统计分析

描述性统计分析是一种通过图表或数学方法对数据进行整理和分析的方法，其目的在于全面了解数据的分布状态、数字特征以及随机变量之间的关系。该分析方法主要涵盖了集中趋势分析、离中趋势分析和相关分析三个方面。在集中趋势分析中，通过利用平均数、中数、众数等统计指标，能够有效地表示数据的集中趋势，更好地理解数据的分布情况。而离中趋势分析则专注于研究数据的分散程度，运用全距、四分差、平均差、方差、标准差等指标，揭示数据在整体上的波动和分散情况。此外，相关分析是对现象之间是否存在依存关系进行探讨的一种手段。它包括了对单一相关关系和多重相关关系的研究，以及对正相关、负相关和相关程度等方面的深入分析。

值得注意的是，在描述性统计分析中，我们未深入讨论数据系统变化的内在根据——因果关系。因果关系涉及一个现象是另一个现象的原因，这需要更为复杂的研究设计和分析方法，超出了描述性统计的范畴。总体而言，描述性统计分析作为初步的数据分析手段，为我们提供了一个深入了解数据特征的入口，为后续更深层次的分析奠定了基础。

（2）回归分析

回归分析作为一项统计分析方法，致力于确定两个或多个变量之间的定量关系。其研究的核心在于探究一个随机变量 Y 与另一变量 X，或一组变量（$X1$，$X2$，…，Xk）之间的相依关系。这一方法的应用领域广泛，主要分为一元回归分析和多元回归分析。在一元回归分析中，我们专注于研究一个自变量与一个因变量之间的关系，而在多元回归分析中，我们考察一组自变量与因变量之间的关联。此外，根据自变量和因变量之间关系的类型，我们将回归分析细分为线性回归分析和非线性回归分析。线性回归分析关注自变量和因变量之间存在线性关系的情形，而非线性回归分析则处理那些自变量和因变量之间关系更为复杂的情况。回归分析的应用不仅可以揭示变量之间的相互影响，更能提供预测模型，使我们能够更好地理解和预测数据变化的趋势。在实践中，回归分析的多样性和灵活性使其成为解决实际问题和深入了解变量关系的强大工具。

（3）因子分析

因子分析是一项统计技术，其主旨在于从变量集合中提取出共性因子。其基本目标在于通过较少的因子来描述多个指标或因素之间的关系，将密切相关的变量划归为同一因子，从而降低决策的复杂度。在因子分析中，因子变量的数量明显少于原始变量的个数，这些因子并非简单地选择自原始变量，而是一种全新的综合表达方式。这些因子变量之间并没有线性关系，同时具有良好的可解释性，能够最大程度地发挥专业分析的作用。因子分析的方法多种多样，包括重心法、影像分析法、最大似然解、最小平方法、阿尔法抽因法、拉奥典型抽因法等，这些方法大多基于相关系数矩阵，其区别主要体现在该矩阵对角线上的数值。因子分析通过深度挖掘变量之间的内在关系，为复杂数据背后的潜在结构提供了有力的解释框架。

（4）方差分析

方差分析（ANOVA）是一项用于显著性检验两个及两个以上样本均数差别的统计方法，由费舍尔发明。在研究数据呈现波动的情况下，方差分析通过分析观测变量的方差，探究控制变量中哪些因素对观测变量有显著影响。这个方法能够区分不可控的随机因素和研究中施加的可控因素，从而深入了解影响样本均数的原因。

2. 数据挖掘方法

（1）分类和预测

分类是通过应用已知属性数据来推测未知的离散型属性数据，其中被推测的属性值是预先定义的。为了实现有效的推测，需要建立一个分类模型，可采用决策树、朴素贝叶斯分类、神经网络、逻辑回归、支持向量机等算法。与此不同，预测（或回归预测）是应用已知属性数据来推测未知的连续型属性数据。为了有效地进行预测，同样需要建立一个预测模型，可采用神经网络、支持向量机、广义非线性模型等算法。这两种任务都涉及在已知和未知属性之间建立有效的模型，以实现准确的推测。

（2）关联规则

关联规则是数据库和数据挖掘领域中的一种重要模型，其主要目的是通过关联规则分析找出数据集中的频繁模式，即多次重复出现的模式和并发关系。购物篮分析是应用关联规则的典型案例，通过分析顾客购物篮中商品的关联，揭示顾客的购物习惯，为零售商制定有针对性的营销策略提供帮助。关联规则算法不仅在数值型数据集的分析中有广泛应用，还在发现纯文本文档和网页文件中单词之间的关系及搭建 Web 架构等方面发挥着重要作用。

（3）聚类

聚类分析是将一组物理或抽象对象分组成多个类别，每个类别包含相似的对象的过程。其目的在于通过将数据划分为不同的簇，使得同一簇内的对象相似度较高，而不同簇之间存在显著差异。这是一种探索性的分析方法，其特点在于无需预先确定分类标准，能够从样本数据出发自动进行分类。由于聚类方法的差异，对同一组数据进行聚类分析时，研究者得到的聚类数可能不一致，因而可能导致不同的结论。

3. 统计分析和数据挖掘的联系与区别

（1）统计分析和数据挖掘的联系

统计分析是数据挖掘的基础，它提供了数据描述和推断的方法。因此，在进行数据挖掘之前，需要对数据进行统计分析，了解数据的基本特征和规律。比如，可以通过描述统计方法（如均值、标准差、频率、比例）和推断统计方法（如假设检验、方差分析、回归分析、卡方检验）对数据进行分析和解释。这些统计分析技术不仅能够帮助发现数据中的异常值和缺失值，以及数据的相关性和分布规律，还能帮助预测未来的趋势和结果。

但是，统计分析只能回答一些已知的问题，而不能挖掘出未知的信息和知识。因此，需要借助数据挖掘中的机器学习、聚类、分类、预测、关联规则、文本挖掘等技术来发现数据中的隐藏规律和知识。

（2）统计分析和数据挖掘的区别

比较普遍的观点认为，数据挖掘是统计分析技术的延伸和发展，如果一定要加以区分，它们又有哪些区别呢？

统计分析的基础之一是概率论，在对数据进行统计分析时，分析人员常常需要对数据分布和变量间的关系作假设，确定用什么概率函数来描述变量间的关系，以及如何检验参数的统计显著性；而在数据挖掘的应用中，分析人员不需要对数据分布作任何假设，数据挖掘的算法会自动寻找变量间的关系。因此，相对于海量、杂乱的数据，数据挖掘技术有明显的应用优势。

虽然统计分析与数据挖掘有区别，但在实际应用中，不应将两者硬性地割裂开来，实际上，它们也无法割裂。在实际应用中，通常的思路是：针对具体的业务分析需求，先确定分析思路，然后根据这个分析思路去挑选和匹配合适的分析算法、分析技术，而且一个具体的分析需求一般会有两个以上不同的思路和算法可以去探索，最后可根据验证的效果和资源匹配一系列的因素来进行综合的权衡，从而决定最终的思路、算法和解决方案。

3.4.6　大数据分析实例

大数据具有巨量、增长速度快、变化大、价值大的特点。对于一个具体行业或者具体应用来说，数据的完整性、细致性、稠密性和局部性就非常有用。例如，社区里非常详细的数据，如果你用心地去分析，就可能会发现很多有价值的东西。当然，关键是要有大数据的思维，你要意识到数据本身所存在的价值，只有认识到了才能挖掘它。另外，现在移动互联网的实时性也是非常重要的，有很多这样的例子，下面进行举例说明。

1. 大数据与高等教育

当今信息化时代，信息技术在社会各方面的影响力不容置疑，信息化成为提升高等教育质量、推进高等教育改革的重要手段。2021 年，国务院印发《全民科学素质行动规划纲要（2021—2035 年）》提出，"推进信息技术与科学教育深度融合，推行场景式、体验式、沉浸式学习"。大数据作为新时代信息技术的"集大成者"，成为推动高等教育发展的重要力量。

首先，大数据是基于当今时代计算机与网络的发展、数据的积累，以及国际化和全球化的影响应运而生的，是信息技术发展的又一高峰。大数据时代的到来意味着计算机计算能力的大幅提升、储存器信息储存能力的高速进步、信息传输速度的巨大提高，以及物联网、云计算等尖端信息技术的整合。对于高等教育而言，计算能力的大幅提升意味着对更多数据进行分析的可能性，更多、更全面的教学、科研及管理过程的数据信息被纳入可分析、可研究的范围；储存器信息储存能力的高速进步为数据收集广度与深度的巨大提升奠定了基础，使高等院校"管学研"信息的存储周期得到巨大提升，以往数据收集也许只能进行数月，就不得不因为数据存储系统的冗余而对前期数据进行丢弃，如今此困境得到了很大缓解；信息传输速度的巨大提高不仅使数据存储系统和数据分析系统之间的时间间隔大幅缩减，并且为教育资源的地区内、全国以至于全球共享提供了巨大便利，目前一些高等院校能够进行国际在线学术会议、大规模开放在线课程便赖于此；而物联网、云计算等尖端信息技术的整合更是为数据收集、传输、分析、共享提供了新的手段，并产生了效果上的巨大提升，成为大数据推动高等教育发展的助推器。

其次，大数据为优质教育资源的全球共享提供技术支撑，促进了高等教育中教育公平及学习无障碍服务的实现。在如今的信息化时代，随着高等教育信息化的大力推进，相关网络教育资源的开发已经渡过了原始的积累阶段，各类网络课件、精品视频公开课等优质的教育资源已有一定的基础，目前更为重要的是要突破地域、文化、经济等因素的限制，实现教育资源的全世界、全人类共享。但进行教育资源的共享不仅是制作课件、教学视频放在网上供学习者访问，同时也要提供相关的学习支持服务，如师生互动、问题讨论、课业考评及学习者提高发展策略等才能够称得上优质，才能保证学习者学习的质量。正是如此，对学习者、学习环境、学习方式限制极低的大规模在线网络课程才应运而生。而只有通过大数据技术全面地收集学习过程，以及实时有效地分析和处理海量的数据，才能保证大规模开放在线课程能够实现容纳数以百万计学习者共同在线学习的平等开放，实现面向个人的灵活学习方式、个人学习安排及无障碍服务的学习支持。

再次，大数据为现代教育与信息技术的深度融合提供了环境支持，进一步推进了高等教育的改革。大数据在高等教育中以对信息和数据的高度集成而构建信息化的教育环境，促进信息技术和高等教育的整合乃至全面融合，从而改变了教学活动的各项要素，引发了教学方法、教学工具、教学内容等各环节的深刻变革，并且推动了高等教育模式和学习环境等领域的全面创新。第一，随着以大数据为代表的信息技术与高等教育的不断融合，高等教育中以阶段性、择取性、封闭性为明显特征的传统教育模式发生了变化，持续性、普适性、开放性等教育发展要求有了实现的路径，这不仅推动了传统教育模式的变革，同时催生着大规模开放在线课程和国家开放大学等新教育模式的产生。第二，随着以大数据为代表的信息技术与高等教育的不断融合，高等教育中原本以教师为中心、以学生群体为对象、以灌输为主的传统教学方式发生了变化，主体化、无障碍服务、主动化等培养学生创新素质的要求有了实现的契机，这不仅逐步改变了传统的教学方式，而且促成了翻转课堂、微课等新教学方式的产生。第三，随着以大数据为代表的信息技术与高等教育的不断融合，高等教育中教学工具和教学内容的创新也在同时进行，多功能、灵活轻便、实时交互等特点保证了新型教学工具对传统教学工具的优势，能够有效地提升课堂教学质量，而信息技术对社会和科学的变革作用更是改变了教学内容，包含信息技术在内的新型知识架构，维持了知识技能与社会需求之间的耦合，以保证学生学有所用。

最后，大数据技术蕴含的思维为高等教育带来量化和实证，提升高等教育实践活动的科学性。第一，在教学方面，大数据能够全程收集学生学习过程的数据，真实反映学生在学习过程中的状态和问题，并通过对收集的海量数据进行建模分析，获取学生的学习分析报告，检测学习理论，指导学习实践，并为学生提供无障碍服务的学习支持，无疑将促进高等教育教学质量的提升。第二，在科研方面，大数据为科学研究带来新思维和新方法，大数据对物理世界的全面描述和重现，为科研工作者的研究对象从物理世界转变为数据提供了支持。同时，大数据作为一种面向全体数据的研究方法，弥补了传统的面向有限数据格局的抽样研究方法对细节和个体的无力和缺失。而大数据对多元复杂相关关系的挖掘则有利于寻找和破解开放复杂的系统，如经济和教育等社会领域诸多问题的规律，这将为高等教育科研能力的发展提供有力支持。第三，在管理方面，大数据通过对全体教育对象信息的全面收集和高度集成，完成教育对象数据的充分利用和共享，既避免了教育对象的大量重复信息的存在，又提高了管理效率。而基于数据的教育评价和决策，教育管理信息的客观性、精确性的提升，过程性和多层次教育管理机制的建立，有利于切实把握教育对象的变化的条件和规律，为高等教育管理的科学化提供有力依据。

2. 大数据和雇佣

从 19 世纪 90 年代开始，越来越多的公司意识到有一种新的方式去分析并筛选一大群申请者。简历数据库网站提供了一个地方，在这里个人和公司都可以获取机会。为了应对候选者的突然涌入，希望聘用人员的公司也会采用评估申请者的新方法，使用分析性工具来自动地分类并确定更受偏爱的候选者，使其在面试的过程中脱颖而出。有了这个变化，基于计算程序和大数据集的使用确定并给申请者评分的任务，就开始从心理学家和招募专家转向计算机科学家。但是即使负责招募和聘用的管理者希望最大限度地利用算法系统和自动化，每个人还是更倾向于去雇佣那些像他们自己的人。这种无意识的现象常常被称作"像我"偏见，可能会阻碍多样化。算法系统可以帮助在聘用的过程中避免这种偏见，并且增强多样性。但是，因为他们都是由人建立起来的而且依赖于有缺陷的数据，这些算法系统也可能基于有瑕疵的判断和假想，也保持了偏见。

大数据可以被用来揭示或者减少就业歧视。就像信用评估一样，数据分析学有益于帮助将人们和合适的岗位相匹配。正如上文讨论的，研究已经证明"像我偏见"和"密切关系偏见"在聘用时的存在，负责聘用的经理也常常选择那些有共同特点的申请者，作为比较，算法驱使的过程可能会避免个人偏见，确定拥有与特定职位相匹配能力的申请者。公司可以使用数据驱使的方法去发现那些潜在的员工，他们可能在某些方面因为传统教育和工作经验的要求而被忽视。数据系统允许公司客观地考虑员工的经历和技能，这些与成功有一种被证明的必然联系。通过查看那些使先前员工成功的技能，人力资源数据系统可以进行模式匹配来识别出下一代员工应当拥有的特点。

数据分析的公司正在通过使用工作申请者多样和新颖的信息资源，来创造新型的申请者评估。这些资源和算法，在预测一个人工作是否成功方面可能是不可靠的。例如，经济不景气期间长时间失业的工人们要想重新成为劳动力可能会经历一段困难期，因为申请者评分系统会考虑"失业时期长度"，这样就会向潜在的雇主发送消极信号的得分。同样，一家就业研究公司发现，上下班路程是预测员工在工作岗位上将会持续多久的一个重要因素，如果算法系统被设计成不经过进一步考虑而深深依赖于这个因素，他们将歧视那些在某些方面有资格，却只是碰巧比其他人住的离工作地点远了一点的申请者。在运用其他的一些雇佣标准时，如果无法准确、充分地反映出一个人品格，就要考虑这个测量工具的有效性。所以说，在运用这些系统时，留意其在公正和公平机会上产生的影响是很重要的。机器学习型算法通过回顾现有雇员以前的表现或者分析人事部门经理的偏好，可以帮助判断哪一种雇员会成功。但是，如果这个信息来源本身就带有历史偏见，那么通过算法得到的分数将会充分复制出这些偏见。比如说，如果机器学习算法强调与同龄人相比，应聘者开始对电脑感兴趣的年龄，那么公司会偏向招收更多的男性员工，从而背离公司性别平等的招聘目标。这是因为文化传达出的信息和假设认为男孩和电脑联系更加紧密，因此男孩比女孩更早接触电脑。同样，关于年龄歧视的担忧会出现，因为年老的员工更难去适应电脑的发展。除此之外，使用某些算法去评估候选人，有时会强调大学毕业证或者是某个特定领域的证件，但是这样往往会使雇主与一些高度有能力、具有天赋但不具有特定文凭的候选人失之交臂，但是这些候选人往往可以通过在职培训、新兴的轮岗培训成功胜任这项工作。一些具有大学文凭但不是该领域的人才同样会被这个算法系统忽略。在设计数据分析型的应聘者评估系统时，工程师和经理们需要考虑到多种因素，并且把这些因素运用到系统设计工作中去。"设计机会均等"是一个体现这种思想的方法。在过滤对某个空缺岗位的简历时，一些公司已经开始使用多种多样的人力资源分析平台。所有公司应该继续推进招聘工作的公平，符合科学、符合伦理道德地使用数据工具，同时确保消除对特定群体某些不利的歧视，这些对人才市场的公平而言十分重要。商业公司也要坚持这些有利的招聘方式，因为那些没有跳出传统招聘方式的公司会失去那些可以很好胜任重要岗位的人才。

第4章 云计算关键技术及其应用

云计算是一种基于互联网的计算方式，以数据为中心进行密集超级计算，在数据存储、管理、编程模式等方面都具有其自身的独特性。云计算在医药医疗、制造、金融、能源、电子政务、教育、科研、电信等主要行业的信息化建设与 IT 运维管理，必将成为主流 IT 应用模式。本章将探讨云计算关键技术及其应用，包括虚拟化技术、数据存储技术、资源管理技术、集成一体化技术和集成自动化技术。

4.1 虚拟化技术

虚拟化技术是实现云计算最重要的技术基础。通过虚拟化技术，能够实现物理资源的逻辑抽象表示，提高资源的利用率，并能够根据用户不同的需求，灵活地进行资源分配和部署。

4.1.1 虚拟化技术的发展

虚拟化技术其实诞生已久，只是最近几年随着云计算技术的发展才得到了更广泛和深入的应用。纵观虚拟化技术的发展史，可以看到其目标始终如一，即实现对 IT 资源的充分利用。

1. 萌芽阶段

英国计算机科学家克里斯托弗·斯特雷奇（Christopher Strachey）在学术报告《大型高速计算机中的时间共享》中首次提出了虚拟化的基本概念，被认为是虚拟化技术的最早论述。这篇文章被业界普遍视为虚拟化概念正式提出的起点，标志着虚拟化技术的发端。

虚拟化技术最早在 IBM 大型机上得到应用。当时大型机是十分昂贵的资源，IBM 通过采用虚拟化技术对大型机进行逻辑分区以形成若干独立的虚拟机，有效解决了大型机僵化和使用率不足的问题。

IBM 最早的虚拟化应用系统是于 1965 年推出的 System/360 Model 67 系统和分时共享系统（Time Sharing System，TSS），这些系统通过虚拟机监视器（Virtual Machine Monitor，VMM）虚拟所有的硬件接口，从而允许很多远程用户共享同一高性能计算设备的使用时间。同年，IBM 还发布了 M44 计算机项目，定义了虚拟内存管理机制，让用户程序可以运行在虚拟的内存中，这些虚拟内存就像多个虚拟机，为多个用户的程序提供了各自独立的计算环境。

1972 年，IBM 发布了一项虚拟机技术，用于创建灵活大型主机，具备动态分配各种资源的能力。这一技术允许通过虚拟机监视器在物理硬件上生成多个能够独立运行操作系统的虚拟机实例。此后，一系列具备虚拟化功能的新产品相继问世，使得在不同需求下能够快速有效地分配资源。

2. 发展阶段

虚拟化技术最初主要运用于大型计算机系统，而在 PC 机的平台上，由于当时相对较为有限的处理能力，虚拟化技术并没有在其上迅速普及。随着 Windows 操作系统和 Linux 服务器操作系统的兴起，以及 x86 平台处理能力的显著增强，虚拟化技术在 20 世纪 90 年代开始在 x86 服务器上广泛应用。VM-ware 公司在 1999 年推出了专门为 x86 系统设计的虚拟化技术，将 x86 系统转变为通用的共享硬件基础架构，提高了计算机基础架构的利用率，为应用程序提供更为广泛的选择。随后，虚拟化技术在 x86 平台上取得了显著的发展，尤其是在多核 CPU 时代，PC 机强大的处理能力与虚拟化技术的结合显著提高了资源利用率。

虚拟化技术的兴起不仅仅是在硬件性能方面的突破，更是在操作系统和软件层面的革新。这种技术的发展使得一台物理服务器能够同时运行多个虚拟机，每个虚拟机都能独立运行不同的操作系统和应用程序。这为企业提供了更大的灵活性和效率，减少了硬件投资和维护成本。虚拟化技术的普及也推动了云计算的发展，为用户提供了按需获取计算资源的便利。在虚拟化环境下，资源的动态分配和管理成为可能，使得整个计算环境更加灵活和可扩展。

3. 壮大阶段

21 世纪之后 IT 产业发展迅猛，虚拟化的思路被进一步借用到存储、网络、桌面应用等其他领域，这些技术带给用户多样化的应用和选择，进而推动了虚拟化技术的广泛应用。

4.1.2 虚拟化技术的内涵阐释

以一个简单的例子来形象地理解操作系统中的虚拟化技术：内存和硬盘两者具有相同的逻辑表示，通过将其虚拟化能够向上层隐藏许多细节。例如，如何在硬盘上进行内存交换和文件读写，或者怎样在内存与硬盘之间实现统一寻址和换入/换出等。对使用虚拟内存的应用程序而言，它们仍然可以使用相同的分配、访问和释放指令来对虚拟化之后的内存和硬盘进行操作，就如同在访问真实存在的物理内存一样，用户看到的内存容量因此会增加很多。

1. 虚拟化概念的界定

计算机虚拟概念是把原始真实状态下的计算机系统在虚拟环境中运行，计算机系统的组成包括硬件系统、操作系统和应用程序等。硬件系统包括计算机基础设备，比如主机显示屏、内存条等。操作系统为应用程序编程提供接口并可以实现应用程序的运行。虚拟技术可以在不同计算机系统层级间应用，通过下层级提供类似真实的系统功能，上层级系统功能可以在中间层实现运行，中间层可以使上下级层级完成运行。

虚拟技术中需要引入中间层概念，这会对虚拟化技术有一定使用影响。随着计算机技术发展，这一问题有所改善，在实际应用中需要根据层级的不同假设匹配相应的虚拟技术。现在使用比较多的虚拟技术包括基础设备虚拟化、计算机系统虚拟化、计算机软件虚拟化技术等。随着计算机产业不断发展，虚拟技术概念也在不断增大。比如，计算机硬件系统中的虚拟内存技术，是在计算机磁盘硬件存储空间中选取一部分，这部分空间主要存储系统中多余或者暂时不用的数据，当真实计算机系统需要使用这些数据时，可以将其读入磁盘空间中进行使用，这是目前使用比较广泛的虚拟技术之一，程序员可以利用虚拟空间存放较多数据，增加磁盘的使用功能。虚拟内存可以隐藏程序需要的存储和访问位置，可以统一规定一个地址，方便程序员查找。虚拟空间是一项隐藏技术，其运行机制让人们感受不到其存在，这也标志着虚拟技术的核心发展。

2. 虚拟化技术的优势

通过对虚拟化技术的介绍，可以看出虚拟化技术具有以下几点优势。

第一，虚拟化技术可以大大提高资源的利用率。具体来讲，就是可以根据用户的不同需求，对 CPU、存储、网络等共有资源进行动态分配，避免出现资源浪费。

第二，虚拟化技术可以提供相互隔离的安全、高效的应用执行环境。虚拟化简化了表示、访问和管理多种 IT 资源的复杂程度，这些资源包括基础设施、系统和软件等，并为这些资源提供标准的接口来接收输入和提供输出。由于与虚拟资源进行交互的方式没有变化，即使底层资源的实现方式已经发生了改变，最终用户仍然可以重用原有的接口。

第三，虚拟化系统能够方便地管理和升级资源。虚拟化技术降低了资源使用者与资源的具体实现之间的耦合程度，系统管理员对 IT 资源的维护与升级不会影响到用户的使用。

3. 虚拟化的目标

虚拟技术的主要意义是提升计算机基础设备、计算机系统和计算机软件程序应用的工作效率，为这些方面提供更有效的资源空间和信息传输。因为虚拟化技术的使用范围较广，包括终端用户、程序应用和接口服务等，可以在计算机基础设施改变的状态下，降低对整个计算机系统的使用影响；终端用户可以重新使用以前的服务接口，因为虚拟化技术的使用与基层设备本身的改变并无关系，因此接口的使用不会受到影响。

虚拟化技术可以提高计算机系统资源的黏合度。终端用户通过使用后可以不再需要计算机系统资源，计算机管理者对计算机系统升级后，可以大大减少对虚拟化技术的使用影响。

4.1.3　虚拟化类型

计算机系统的虚拟化一般分为 3 个方面，包括计算机软件虚拟化技术、计算机系统虚拟化技术、计算机基础设备虚拟技术。下面对 3 种虚拟技术做详细论述。

1. 计算机软件虚拟化技术

计算机软件虚拟化技术是在计算机软件程序应用基础上，采用计算机逻辑和计算机显示思维。终端用户要访问虚拟化软件应用时，用户可以把需要的人机交互数据传输到服务器，服务器根据用户指令运行需要被使用的计算机应用逻辑，然后将运行的图像反馈给终端用户，这个过程就是界面显示技术，终端用户可以获得更好的使用效果。

简而言之，通过计算机软件虚拟化技术可以给应用程序提供虚拟的运行外部环境。在这个状态中，包括应用程序的软件程序，也包括运行程序虚拟技术的特定环境。通过将计算机应用软件程序和系统操作相结合，虚拟服务器可以时刻将终端用户需要运行的程序传递到界面操作环境，在完成操作关掉应用后，整个过程反馈的信息都会上传至服务集中管理器。因此，终端用户可以在不同客户端使用相关程序。

2. 计算机系统虚拟化技术

计算机系统虚拟技术是在一台计算机主机上虚拟出多个可以互相独立运行的虚拟器。一台计算机主机可以同时运行多个虚拟器，这些虚拟器之间相互分开运行，终端客户通过虚拟机监视器进入实际的计算机资源并进行控制。系统虚拟化还具备很多特性，对于云计算平台的搭建具有帮助作用。

计算机虚拟技术可以在同一计算机上同时操作多个系统而互不干扰运行，重复使用计算机资源，如在 IBMZ 系列大型计算机中运用虚拟系统技术，主要是基于 Power 架构的 BMP 服务器。虚拟技术也可以应用在 x86 架构上，不同的虚拟技术在运行环境下各展身手，但是所有运行机制都需要计算机设备为虚拟技术提供良好的硬件环境，包括虚拟处理器、虚拟内存空间、虚拟硬件设备和网络接口等，计算机系统本身也要具备网络共享、配置隔离功能等。

计算机 PC 端的虚拟技术需要在多元化的场景下使用，比较常用的是计算机本身运行和系统互相矛盾的应用程序，比如终端用户使用的是 Windows 系统的 PC 端，需要安装一个只能在 Linux 运行下使用的软件应用，虚拟技术采取的是在 PC 端构建一台安装 Linux 系统的虚拟器，这样软件便可以使用。虚拟化技术对于计算机系统更大的优势在于服务器虚拟技术，比如计算机数据中心使用 x86 服务器，这种大型的数据中心需要管理多台 x86 服务器，为了方便管理和控制，所有服务器都只对一个应用提供服务，导致系统服务器的使用率降低，如果每个虚拟服务器运行不同的服务，可以增大服务器的使用效果，降低成本，节省经济。

桌面虚拟技术也可以实现同一个计算机能够运行多个不同系统，桌面虚拟技术需要将 PC 端的桌面环境，包括一些软件应用和系统文件隔离，然后与计算机资源进行组合，虚拟完成的桌面环境会保存在远程服务器上，不会存在 PC 端的计算机硬件里。因此，桌面环境上所有需要运行的程序和数据都会存在这个服务器里，这样终端用户可以使用网页或者实际端自由进入自己的桌面应用。

3. 计算机基础设备虚拟化技术

信息系统的构成包括信息存储、系统文件、网络设施等，通常将计算机硬件虚拟化、计算机网络虚拟化、计算机存储虚拟化、文件虚拟化定义为计算机基础设备虚拟化。

计算机硬件虚拟化技术是通过使用软件在计算机硬件前提下，建造出一台标准计算机虚拟硬件，可以是 CPU、硬盘等，也可以当作一台虚拟器并安装虚拟系统。

网络虚拟化技术将搭建网络的硬件和软件资源相结合，为终端用户提供服务。它通过将网络分为局域网和广域网来实现虚拟化。在局域网虚拟化中，可以通过多个本地网络组成一个逻辑网络，或者将一个本地网络分为多个逻辑网络，以提高局域网的使用性能，如虚拟局域网（Virtual LAN，VLAN）。而广域网虚拟化技术则主要应用于虚拟专网（Virtual Private Network，VPN），通过专用网络抽象连接。

存储虚拟化为物理存储设备提供了统一的逻辑接口，使用户能够通过统一的逻辑接口访问整合的存储资源。存储虚拟化主要分为基于存储设备和基于网络两种形式。基于存储设备的虚拟化技术的代表是磁盘阵列技术（Redundant Arrays of Independent Disks，RAID），通过构建统一的、高性能的容错存储空间，将多块物理磁盘组成磁盘阵列。而基于网络的存储虚拟化技术的代表有存储区域网（Storage Area Network，SAN）和网络存储（Network Attached Storage，NAS）。SAN 连接了服务器和远程的计算机存储设备，使这些存储设备看起来像是本地的一样；而 NAS 则使用基于文件的协议，将远程存储抽象为一个文件，而不是一个磁盘块。

文件虚拟化整合了分散存储的众多文件，提供了一个统一的逻辑接口。用户可以通过网络访问数据，即使不知道真实的物理位置，也能在同一个控制台上管理分散在不同位置的存储异构设备的数据，以提高文件管理效率。

4.1.4　虚拟化的应用范畴

根据虚拟化技术的应用领域，可将虚拟化技术分为应用程序虚拟化、服务器虚拟化、桌面虚拟化、网络虚拟化与存储虚拟化，下面对这几类技术分别进行论述，具体如下所示。

1. 应用程序虚拟化

应用程序虚拟化是 SaaS 的基石，提供了一个关键的抽象层，将应用程序对底层系统和硬件的依赖关系分离开来。这种分离有效地将应用程序与操作系统和硬件解耦，提供了一个本地化的虚拟环境，保护应用程序免受与其他软件组件可能发生的冲突。通过在这个虚拟环境中安装程序，应用程序与操作系统隔离开来，简化了部署、更新和维护的过程。广泛使用的应用虚拟化解决方案，如微软的 App-V，有助于提高应用程序的整体效率和可管理性。将应用程序虚拟化技术与应用程序生命周期管理相结合，进一步优化了软件开发和生命周期管理的结果。

应用程序虚拟化技术具有以下几个特点。

在部署方面：不需安装，应用程序虚拟化技术的程序包会以流媒体形式部署到客户端，类似于绿色软件，只要复制就能使用；无残留信息，应用程序虚拟化技术并不会在虚拟环境被移除之后，在主机上残留任何文件或者设置；不需要更多的系统资源，虚拟化应用程序和安装在本地的应用一样，仅在与服务端进行交互时使用本地驱动器、CPU 与内存；可事先配置，虚拟化的应用程序包本身已经涵盖了程序所需的一些配置。

在更新方面：更新方便，只需在应用程序虚拟化的服务器上进行一次更新即可；无缝的客户端更新，一旦在服务器端进行更新，客户端便会自动获取更新版本，无需逐一更新。

在支持方面：能减少应用程序间的冲突，由于每个虚拟化过的应用程序均运行在各自的虚拟环境中，所以并不会有共享组件版本的问题，从而减少了应用程序之间的冲突；能减少技术支持的工作量，虚拟化的应用程序与传统本地安装的应用不同，需要经过封装测试才能进行部署，此外也不会因为使用者误删除了某些文件而导致程序无法运行，从这些角度来说，应用虚拟化可以减少使用者对技术支持的需求量；增加软件的合规性，虚拟化应用程序可针对有需求的使用者进行权限配置，便于管理员进行软件授权的管理。

在终止方面：完全移除虚拟化环境里的应用程序并不会对本地计算机产生任何影响，管理员只要在管理界面上进行权限设定，就可以使应用程序在客户端上停止运行。

应用程序虚拟化技术在使用时，需要考虑以下几点。第一，安全性。应用虚拟化技术的安全性由管理员控制。管理员需要考虑企业的机密软件是否允许离线使用，并决定使用者可以使用的软件及其相关配置。此外，由于应用程序是在虚拟环境中运行，应用虚拟化技术能在一定程度上避免恶意软件或者病毒对程序的攻击。第二，可用性。在应用程序虚拟化技术中，相关程序和数据集中存放，使用者需要通过网络下载，因此管理员必须考虑网络的负载均衡以及使用者的并发量。第三，性能。采用虚拟化技术的程序运行时，需要使用本地 CPU、硬盘和内存，因此其性能除了网络速度因素，还取决于本地计算机的运算能力。

2. 服务器虚拟化

服务器虚拟化技术能够将一个物理服务器虚拟成多个可独立使用的服务器。尽管各厂商对服务器虚拟化有不同定义，但其核心理念一致，即简化管理、提高效率。该技术通过优先级区分资源，随时将服务器资源分配给最需要的任务，从而降低为单个任务峰值而储备资源的需求。

利用这种技术能够让用户实现虚拟服务器的动态开启，使得操作系统（包括可以云顶的所有程序）将虚拟机当作一种实际硬件，虚拟机若是连续运行，则计算潜能也发挥到最大，这样才可以在面对数据不断变化时，快速反应和处理。

（1）服务器虚拟化界定

服务器虚拟化是通过单个物理机器，将若干个虚拟主机虚拟出来，而且每一个虚拟主机都被分隔开，操作系统的运行也各自进行，任何操作系统可以在虚拟机管理器的帮助下取得真实的物理资源，然后将获得的资源进行管理。从原理上来看，虚拟主机可以使用同一组物理资源，并且没有数量制约，可以连续使用，而且虚拟机管理器还可以实现资源策划和共享功能，之后将得出来的计算资源传递到上层设备。

虚拟机系统的内存虚拟化一般按照划分方式进行，这种方式也会经常出现在输入或者输出设备虚拟化方面，如磁盘设备。但并不是所有的虚拟机系统都是根据这种方式进行划分，如 CPU 和共享设备虚拟化就是通过共享方式划分的。服务器虚拟化在服务器方面使用了系统虚拟化技术，并且可以创建多个能够单独运行的虚拟机服务器。按照虚拟化层不同的实现方式，可以将服务器虚拟化划分出下列两种类型：一种是寄宿虚拟化，另一种是原生虚拟化。

服务器虚拟化主要是针对以下 3 种资源进行虚拟化：第一种是 CPU，第二种是内存，第三种是设备和 I/O。除此之外，为了能够将动态资源很好地整合在一起，目前所使用的服务器虚拟化大部分可以进行虚拟机迁移。

◈ CPU 的虚拟化

在 x86 体系结构中，CPU 虚拟化操作涵盖了 4 个特权级别（Ring 0 到 Ring 3）。其中，Ring 0 允许最高级别特权，与操作系统的更高特权存在冲突，促使出现了两种解决方案：全虚拟化和半虚拟化。

全虚拟化使用二进制代码转换，在虚拟机启动期间引入陷阱指令，导致性能开销。半虚拟化修改了客户操作系统，将超级调用视为特权指令。这两种方法都构成 CPU 虚拟化，但都存在性能开销的挑战。虚拟化技术 AMD-V 和 Intel VT 利用处理器技术通过硬件协助来降低开销。AMD-V 和 Intel VT 借助硬件辅助虚拟化提高了效率，为客户操作系统提供了直接的运行时条件。这一演进在各种计算环境中提高了实用性和效率。持续改进 CPU 虚拟化技术的工作旨在进一步提升虚拟系统的功能和效率。

◈ 内存的虚拟化

内存虚拟化主要涉及将物理内存集中管理，并分隔出每个虚拟机的内存空间。虚拟机监视器通过虚拟机内存管理单元实现，同时在此基础上建立主机内存和逻辑内存之间的相互映射。这种映射关系的管理主要由内存虚拟化管理单元负责，并可划分为两种方法，即影子页表法和页表写入法。

在影子页表法的处理机制中，客户端负责自身页表的管理，其主要任务是维护物理内存与逻辑地址之间的映射关系。虚拟机监视器会协助虚拟主机进行相关的页表管理，以确保其内部存在物理内存与虚拟内存之间的准确映射。此类方法的典型应用例子包含 VMware ESX Server 和 KVM 等。

页表写入法则要求客户操作系统在创建新页表时，必须在虚拟机监视器上注册新建的页表。然后虚拟机监视器会对新注册的页表执行管理操作，并将物理主机地址与虚拟主机逻辑地址之间的映射关系记录下来。当客户操作系统需要对页表进行更新时，虚拟机监视器会主动进行页表修改。需要特别强调的是，页表写入法需要更改客户操作系统，广泛采用此策略的 Xen 虚拟化技术即一个实例。

❖ 设备和输入/输出的虚拟化

虚拟化技术不仅涵盖了 CPU 和内存，而且关键性的部件设备以及输入/输出同样被包含在其中。虚拟化设备和输入/输出的管理主要对物理机器设备进行操作，并通过适当的封装转换成多个虚拟设备，这个过程为虚拟主机提供了支持，并可同时响应多台虚拟主机。一般来说，这一过程通常通过软件实现。标准化可使虚拟主机在独立于基本物理设备的情况下运行，以便于后期移动虚拟机的复杂行为。

（2）服务器虚拟化的特征及优点

服务器虚拟化技术的突出特征包括隔离性、多实例性、封装性和兼容性。隔离性体现在每个虚拟机与物理主机的有效分离，确保一个虚拟机的故障不会对其他虚拟机造成显著影响。多实例性通过处理多实例物理主机，实现多服务器同时运行，有效分配物理系统资源给每个虚拟机。封装性使得虚拟机环境成为独立实体，方便备份和在不同硬件设备之间迁移。兼容性方面，服务器虚拟化技术会将主机硬件变得更标准化，便于每个虚拟机的运行和操作，同时提高系统兼容性。

　　由此可知，服务器虚拟化技术具有多个关键优势。首先，在传统数据中心中，应用部署涉及复杂的工作流程，耗时且容易出错。服务器虚拟化简化了这一过程，只需要进行最小的操作，如复制和配置虚拟机。这种自动化方法在几分钟内即可完成部署，显著降低了安装错误的风险。

　　其次，在传统数据中心中，出于安全和管理考虑，资源利用率通常较低，许多服务器专用于单个应用程序。服务器虚拟化通过将分散的服务器应用程序合并到单个服务器上，提高了资源利用率。同时，该技术的隔离性、封装性和多实例性有助于增强安全性和其他特性。

　　此外，实时迁移是一个关键特性，可以在虚拟机中将所有应用程序实时迁移到另一个虚拟机中。用户可以观察整个过程，封装性允许在迁移的原始主机和目标主机之间存在平台异构性，解决了硬件更新引起的可用性问题。

　　最后，用户可以根据内部资源需求灵活调整虚拟机的资源配置。封装性和隔离性促进了不同操作平台之间的相互隔离，增强了系统的兼容性。因此，具有显著特点和优势的服务器虚拟化技术已成为当今数据中心架构的基本组成部分。

　　（3）服务器虚拟化的架构

　　在服务器虚拟化技术中，虚拟出的服务器被称为虚拟机，其中运行的操作系统称为客户操作系统（Guest OS）。管理虚拟机的软件被称为 VMM，也被称为 Hypervisor。

　　服务器虚拟化通常有两种架构。

　　寄生架构：一般而言，寄生架构的 VMM 需要安装在操作系统上，然后用虚拟机管理器创建并管理虚拟机，如 Oracle 公司的 Virtual Box 应用。在寄生架构中，VMM 看起来像是"寄生"在操作系统上的，因此该操作系统被称为宿主操作系统。

　　裸金属架构：裸金属架构是一种将 VMM 直接安装在物理服务器上的架构，允许在其上安装其他操作系统（如 Windows、Linux 等），无需预装操作系统。由于 VMM 直接安装在物理计算机上，因此得名裸金属架构，例如 KVM、Xen、VMware ESX 等系统采用了这种架构。裸金属架构直接运行在物理硬件上，无需通过主机操作系统（Host OS），因此性能比寄生架构更高。

（4）服务器虚拟化的功能

服务器虚拟化的重要功能具体有以下几方面。

多实例：多个虚拟服务器能够在一个物理服务器上运行。

隔离性：对于虚拟服务器而言，每一个虚拟机都是被相互隔离开的，能够保证它们之间的可靠性和安全性。

无知觉故障恢复：进行虚拟机迁移时，能够把故障不明显的虚拟机快速转移到其他虚拟机上。

负载均衡：通过调度以及分配技术可以让虚拟机和主机的利用率达到持平状态。

统一管理：这种方便快捷的管理界面可以管理很多虚拟机的生成、停止、负荷以及监控等。

快速部署：完整的系统会配置部署机制，其作用是对虚拟机或者对操作系统没有任何差别地进行部署和升级。

3. 桌面虚拟化

桌面虚拟化是一种通过服务器端存储多个用户各自独特的桌面环境的技术，用户可以通过网络使用个人终端访问服务器端的桌面并进行系统操作。代表性的桌面虚拟化产品包括微软公司的远程桌面。这一技术建立在服务器虚拟化的基础上，通过虚拟化生成大量独立的桌面操作系统（虚拟机或虚拟桌面），用户终端设备则通过特定的虚拟桌面协议进行访问。

桌面虚拟化具备以下几项关键功能。

集中化管理和维护：将个人电脑环境以及其他客户端软件在服务器端进行集中管理和配置，以强化对于企业数据、应用程序和系统的高效管理、维护以及控制，同时缩减现场作业的数量。

持续使用性：即便客户端用户在切换不同的虚拟机时，先前的配置和储存文件依然可用。此功能确保了桌面环境的连贯性与持久性。

故障恢复功能：主要通过在多个虚拟机中储存用户桌面环境，实施快照拍摄、数据备份等操作来解决桌面故障、恢复用户桌面，并能够在其他虚拟机上继续工作，以提升系统的稳定程度及可靠性。

用户定制选项：用户可以根据个人需求和偏好自主选择或定制桌面操作系统、系统显示样式、默认环境变量，甚至设计其他自定义程序，这一功能增强了个性化的使用体验，并进一步提高了用户满意度。

4. 网络虚拟化

网络虚拟化是 IaaS 的基础和前提，通过网络虚拟化让单个物理网络容纳下多个逻辑网络，且保留这些逻辑网络设计原有的层次结构、数据通道乃至之前可以提供的各种服务，确保此次用户体验和仅使用物理网络时一样。除此之外，网络虚拟化技术还能够充分调动各种网络资源，发挥资源的最大功效。目前的网络虚拟化技术包括 VPN、VLAN 两种，无论是哪一种都能够有效改善网络性能，提高网络的安全性和灵活性。

VPN 是一种利用公用网络架设专用网络的技术。在 VPN 网络中，任意两个节点的连接并不是由传统专网的端到端物理链路，而是架构在公用网络服务商提供的各大网络平台。VPN 是通过对公网进行加密，形成一个数据通信隧道。凭借 VPN 技术，不论用户处于何时何地，只要连接互联网便可以使用 VPN 访问内网资源。

每个 VLAN 包含一组具有相似需求的计算机工作站，它们与物理局域网的属性相似，但由于逻辑划分，同一 VLAN 内的计算机工作站并不要求在同一物理范围内，即它们可以位于不同的物理 LAN 网段。

通过深入分析 VLAN 的特点，我们可以得知在单个 VLAN 内，广播和单播流量不会对其他 VLAN 产生影响。这使得 VLAN 技术成为网络管理的利器，有助于降低流量消耗、减少设备投入，并在优化网络管理的同时提升局域网的安全性。VLAN 的逻辑划分允许管理员在不同用户之间建立安全隔离，防止不同用户之间的通信干扰。此外，VLAN 还提供了更灵活的网络配置，使得网络管理员能够更加高效地响应不同用户的需求。

在云计算技术不断发展的背景下，网络虚拟化技术应用迎来了新的发展，出现了两种创新的应用场景。首先，通过网络虚拟化分割功能，可以将不同企业机构进行隔离，并在同一网络上进行访问，实现了物理网络向虚拟化网络的纵向分割。通过按需将企业网络划分为多个子网络，并对每个子网络采取不同的控制规则，用户可以有效调用基础网络的虚拟化路由功能，而无需部署多套网络以实现隔离。其次，利用网络虚拟化技术对多台物理设备进行连接整合，形成一个联合设备，并将其视为单一设备进行管理和使用。多台盒式设备的整合类似于一台机架式设备，而多台框式设备的整合则相当于增加了槽位。所得到的联合设备在网络中呈现为网元节点，有效提高了网络管理和资源配置效率，同时实现了跨设备的链路聚合，简化了网络架构。这两种应用场景展现了网络虚拟化技术在不同层面上的创新和应用前景。

网络虚拟化技术具体具有以下几个特点。

大幅节省企业的开销：通常只需要一个物理网络即可满足企业的服务要求。

简化企业网络的运维和管理：使用虚拟化技术后，在逻辑层上使用简单的操作即可对多层及多个网络进行统一管理，这提高了企业网络的安全性。使用虚拟化技术后，通过一个物理网络便可以把安全策略发到基于它的各个虚拟网络上，并且这些虚拟网络属于逻辑隔离，其中一个虚拟网络的操作、变化、故障等对其他虚拟网络不会产生影响，有效增强了企业网络的安全性。

提升企业网络及业务的可靠性：比如，采用虚拟化技术把虚拟网络中多台核心交换机连接成一台，由此降低个别交换机故障对整个业务系统的影响。

5. 存储虚拟化

对于大中型信息处理系统，单个磁盘根本无法满足需要，由此，存储虚拟化技术应运而生。存储虚拟化指运用一定方法，将各个存储介质模块（如硬盘）集中到存储池内进行统一管理。从主机和工作站的角度看，经存储虚拟化得到的是一个分区或卷，如同超大容量（1TB 以上）的硬盘，而非大量分散的存储设备。存储虚拟化通过整合零散的存储资源，为使用者提供一个大容量、高数据传输性能的存储系统。

存储虚拟化技术具备以下几个关键功能：集中统一管理大容量存储系统，可以避免存储设备扩充对管理带来的负面影响，实现轻微调整而不影响客户端；扩大存储系统整体访问带宽，通过平衡多个存储模块，合理分配访问带宽，有效提升系统整体性能，如一个由多个存储模块组成的系统，使用存储虚拟化后访问带宽为各模块之和；提高整体资源利用率，通过整合零散的存储资源，降低系统管理成本，为企业节省时间和金钱。在企业中，存储虚拟化通常应用于性能相仿、零散分布的存储资源情况。

业界主流的存储虚拟化产品主要有易安信公司的 VPLEX、飞康公司的 NSS（Network Storage Server）等。

4.2　数据存储技术

为了确保数据存储具备高可用性、高可靠性和经济性，云计算采用了分布式存储的方式来存储数据，并通过冗余存储来保障数据的可靠性，即同一份数据会存储在多个副本中。

在云计算中，数据存储技术主要有谷歌的非开源 GFS 和 Hadoop 开发团队创建的开源 HDFS。众多 IT 厂商，例如雅虎和英特尔的"云"计划，普遍选择采用 HDFS 的数据存储技术。云计算数据存储技术未来的发展将侧重于超大规模的数据存储、数据加密和安全性保障，以及持续提升 I/O 速率等方面。为了更具体阐述，本节将以 HDFS 和键值存储系统为例展开讨论。

4.2.1　HDFS

HDFS 是一个易于扩展的分布式文件系统，它与现有的分布式文件系统有许多相似之处，都是用来存储数据的系统工具，区别在于 HDFS 具有高度容错能力，旨在部署在低成本机器上。

1. HDFS 的组成部分

（1）NameNode（名称节点）

NameNode 是 HDFS 集群的主服务器，通常称为名称节点或者主节点。一旦 NameNode 关闭，就无法访问 Hadoop 集群。NameNode 主要以元数据的形式进行管理和存储，用于维护文件系统名称并管理客户端对文件的访问。Name-Node 记录对文件系统命名空间或其属性的任何更改操作。HDFS 负责整个数据集群的管理，并且在配置文件中可以设置备份数量，这些信息都由 NameNode 存储。

（2）DataNode（数据节点）

DataNode 是 HDFS 集群中的从服务器，通常被称为数据节点。文件系统存储文件的方式是将文件切分成多个数据块，这些数据块实际上是存储在 DataNode 中的，因此 DataNode 机器需要配置大量磁盘空间。它与 NameNode 保持不断的通信，DataNode 在客户端或者 NameNode 的调度下，存储并检索数据块，对数据块进行创建、删除等操作，并且定期向 NameNode 发送所存储的数据块列表，每当 DataNode 启动时，它将负责把持有的数据块列表发送到 NameNode 机器中。

（3）Block（数据块）

每个磁盘都有默认的数据块大小，这是磁盘进行数据读/写的最小单位。HDFS 同样也有数据块的概念，它是抽象的块，而非整个文件作为存储单元。在 Hadoop2. x 版本中，数据块的默认大小是 128M，且备份 3 份，每个块尽可能地存储于不同的 DataNode 中。按块存储的好处主要是屏蔽了文件的大小（在这种情况下，可以将一个文件分成 N 个数据块，存储到各个磁盘，就简化了存储系统的设计。为了数据的安全，必须进行备份，而数据块非常适合数据的备份），提供数据的容错性和可用性。

（4）Rack（机架）

Rack 是用来存放部署 Hadoop 集群服务器的机架，不同机架之间的节点通过交换机通信。HDFS 通过机架感知策略，使 NameNode 能够确定每个 DataNode 所属的机架 ID，使用副本存放策略，来改进数据的可靠性、可用性和网络带宽的利用率。

（5）Metadata（元数据）

元数据从类型上可分为 3 种信息形式：一是维护 HDFS 中文件和目录的信息，如文件名、目录名、父目录信息、文件大小、创建时间、修改时间等；二是记录文件内容，存储相关信息，如文件分块情况、副本个数、每个副本所在的 DataNode 信息等；三是用来记录 HDFS 中所有 DataNode 的信息，用于 DataNode 管理。

2. HDFS 的作用

HDFS 是一个专门为普通硬件进行设计，并提供服务的分布式文件系统，同时也是 Hadoop 分布式软件架构的基本组成部分。HDFS 在设计初始阶段，可以详细归纳出几点假设：① 硬件错误属于正常状态；② 流式数据以访问为主，具有吞吐功能强的特点；③ 存储文件中大部分都是数据集；④ 文件修改选取尾部追加方式。

根据以上几点假设，分布式文件系统是在很多廉价硬件基础上进行设计的，经常应用在大数据软件程序当中，并体现出容错性强、吞吐率高等特点。分布式文件系统通过文件及目录方式来管理用户信息，以及支持系统中的很多处理程序，如创建、修改、复制以及删除等。HDFS 文件系统为程序应用提供了 Java API，同时对这组 C 语言进行封装。用户可在命令接口处和数据相互联系，容许流式访问系统中的数据。除此之外，HDFS 还传输了一组管理信号，主要作用是管理 HDFS 集群，这些命令信号主要有设置元数据节点，添加、删除数据节点，以及监控系统实际状况等。

3. HDFS 文件读的操作流程

客户端通过 open 函数与分布式文件系统进行交互，通过 RPC 与元数据节点通信，以获取关于文件数据块的信息。元数据节点提供每个数据块的数据节点地址。随后，分布式文件系统为客户端提供一个 FSDataInputStream 以进行数据读取。客户端利用 read 函数启动数据读取，DFSInputStream 与存储初始数据块的最近的数据节点建立连接。数据从数据节点传输到客户端。一旦一个数据块完全读取，DFSInputStream 关闭与该数据节点的连接，并与下一个数据块的最近数据节点建立连接。在完成数据读取后，客户端调用 FSDataInput-Stream 的 close 函数。在与数据节点的通信出现错误的情况下，客户端尝试连接到下一个存储相应数据块的数据节点，失败的尝试将被记录而不进行重试。

4. HDFS 文件写的操作流程

客户端调用 create 函数生成一个新文件，通过 RPC 在分布式文件系统中调用元数据节点。元数据节点确保文件不存在，并在创建文件之前验证客户端的权限。分布式文件系统返回一个 DFSOutputStream 给客户端用于写入数据。客户端启动数据写入，DFSOutputStream 管理数据分块并写入数据队列。数据流处理器从数据队列中读取数据，促使元数据节点为存储数据块分配数据节点，形成默认的 3 次复制 pipeline。数据流处理器将数据块写入 pipeline 的第一个节点，然后在 pipeline 中从第一个节点传输到第三个数据节点。DF-SOutputStream 维护一个确认队列，等待来自 pipeline 数据节点的通知，确认成功写入数据。

如果数据节点在输入过程中出现问题，导致 pipeline 程序关闭，ack queue 中的数据块将输入到 data queue 程序中。已经存储的数据块被标记为无效，并在错误节点重新启动后被删除。pipeline 程序中无效的数据节点被移除，其他数据块输入到 pipeline 中的另外两个数据节点。元数据节点接收到数据块数量不足的信号后，进行复制以提供更多备份。客户端完成数据输入后，选择系统中的关闭函数。这个处理流程确保所有数据块都输入到 pipeline 中，并在 ack queue 返回完成信号后，元数据节点才能结束输入。

5. HDFS 的存储设计

为发挥文件存储功能以及体现出可靠性，HDFS 详细总结了以下几个设计方案。

冗余存储：大文件以数据块形式被储存至 HDFS 当中，所有数据块都会经过复制过程而产生更多副本，体现出数据节点具有容错性的特点。

错误恢复：数据节点会定期传输数据包至名字节点，如果出现心跳数据包没有顺利传输出去的情况，表明名字节点出现问题，而且名字节点不会显示出关于心跳的数据节点宕机，同时也不会再有新请求，如果数据节点宕机造成复制因素没有达到标准时，那么名字节点就会弥补复制功能。

集群重新配置：如果数据节点空间大小没有出现大于或者等于极限值的现象，那么 HDFS 会自动把一些数据在不同节点之间进行转移；如果系统对一些文件浏览量过高时，HDFS 会自动进行复制，进而增加这个文件数量，使集群访问达到平衡状态。

数据完整性检查：HDFS 客户端通过数据节点获取信息之后，再实施校验与检查等步骤。

元数据磁盘失效：要想随时都能应对因名字节点失去功能而系统出现事故这种情况，HDFS 可以复制一些重要数据，如日志以及文件系统镜像等，为名字节点宕机迅速还原至另外一些机器上提供方便。

根据以上内容能够得知，HDFS 选取了不同技术对文件进行储存，然而，磁盘空间以及访问效率却受到了影响。从系统可靠性方面进行分析，即使受到影响也是值得的。

4.2.2　键值存储系统

键值存储系统的主要任务是储存大量不同类型数据，如半结构化以及非结构化类型的数据等，应对用户使用量以及数据量增加的情况。从早期关系数据库系统方面进行分析，要想完成这种任务望尘莫及。键值存储系统存在的意义不是争取成为独一无二的存储系统，而是展示其辅助和弥补功能。

1. 键值存储系统与关系数据库系统的区别

尽管键值存储系统和关系数据库系统都用于数据管理，并预计将来会共存，但它们的基本差异值得注意。首先，关系数据库围绕着一个以表为中心的复杂结构，包括行和列。行进一步包含不同列的数据值，被系统地组织。相比之下，键值存储系统缺乏关系数据库中的表和策略概念，而是使用域或桶来容纳大量的数据记录。其次，关系数据库在数据机制方面表现出色，特别是在处理表之间关系方面。这些关系是独立于上层应用程序形成的，完全基于大量的数据。相反，键值存储系统专注于通过选择标识符来减少数据冗余以提高数据可靠性，而数据记录之间没有预定义的关系。最后，关系数据库通常用于存储和搜索传统数据，如字符和数字，而键值存储系统在处理大量非关系数据方面表现出色。

总而言之，以上两种不同类型的系统，本质上存在明显区别。相同情况下，键值存储系统在可扩展性方面有着非常显著的优势，在搜索与处理庞大的非关系数据方面同样具有优势。

现阶段，将两个系统进行对照，在效果呈现方面，键值存储系统更加突出，详细内容如以下描述。

一方面，键值存储系统对于云计算模式来说，起到了弥补性作用。云计算模式应该满足用户个性化要求，而键值存储系统恰恰弥补了这一点。要想将包含巨大数据量的系统伸缩需求，配置少量服务器来操作，选择键值存储系统来处理就是最佳办法。

另一方面，键值存储系统这个平台应用成本不高，同时还有着潜在的发展空间。一般情况下，用户按照自己的实际情况进行搭配，其搭配额度随着需求的变化而发生变化。这个平台通常运行在廉价 PC 服务器集群上，不会出现因购买高性能服务器而付出高成本的情况。

在与关系数据库进行对照的情况下，键值存储系统这个平台，在解决数据过程中会体现出某些缺点。比如，关系数据库具有限制性特点，确保数据即便处于最低级别依然具有全面性，而键值存储系统就放宽了许多，甚至没有限制性以及全面性等条件。由于键值存储系统没有限制，因而程序员必然担负着数据全面性的职责。关系数据库具备标准化的搜索语言连接的地方，而不同键值存储系统之间却不具备，因此，兼容性问题是目前键值存储系统将要迎接的挑战。

2. 键值存储系统的类型

随着互联网快速发展，非关系型数据处理需求日益增大，业界和学术界投入了大量财力和人力开发新的键值存储系统，或模仿现有的一些系统达到开源实现，以满足自身发展需要。多种开源系统和商业产品现已成型。

这类系统中最具代表性的，当属谷歌公司的 Bigtable 和亚马逊的 Dynamo 系统。很多系统都是以这两个系统的设计思路为基础进行研究和设计，开发出能够满足自身发展需要的系统。

（1）按照系统架构和数据模型分类

按照系统架构和数据模型，键值存储系统分为以下 3 种。

类 Bigtable 系统：如 Hypertable、Hbase 等，都是以 Bigtable 系统为蓝本。这类系统架构模式实行文件存储和数据管理分层。Bigtable 设计了一个文件存储系统 GFS，以 GFS 为蓝本，设计出只负责管理数据逻辑的 Bigtable 系统。这类系统的数据模型较为完备，类似于传统关系数据库，包含两个逻辑层次，分别负责数据存储和数据描述以及处理。这类系统实现文件存储和数据管理分层后，其容量可扩展性变得强大，上层数据管理系统操作也较简单。

类 Dynamo 系统：如 Dynomite、Project Voldemort 等的环架构模式，以 Dynamo 为蓝本，但是不同于 Chord 等系统的 DHT 环结构。这些系统中的各个节点之间有着紧密联系，不需要依靠漫长的路由传输。同时，与类 Bigtable 系统相比，这类键值存储系统的数据模型只涵盖最基本的数据访问方式，操作较为简单。

类似内存数据库系统的系统：严格来说，类似内存数据库系统的系统，如 MemcacheDB，只是一种缓存系统。它只能提供快速查询响应，不具备持久存储数据的功能。

（2）按照键值存储系统的设计目标分类

按照键值存储系统的设计目标，这些系统可分为以下 3 类。

具备良好读写能力的键值存储系统：如 Redis、Tokyo Cabinet 等。这类系统设计特点体现为反应时间迅速。尽管这类系统有着较高吞吐容量，但是由于其可扩展性和存储容量等性能欠佳，只被用来缓存信息。

具备良好的存储大量非关系数据能力的键值存储系统：如 MongoDB、Couch DB 等。这类键值存储系统的设计目标，是追求良好的存储和查询非关系海量数据的能力，不追求读写速度。这类系统有着很大的存储容量和良好的扩展性。

具备良好的可扩展性和可用性：如 Cassandra、Project Voldemort、Bigtable 等。这类键值存储系统呈现分布式结构，具有强大的可扩展能力，可根据应用需要灵活调整数据节点。Cassandra 常被认为是以 Bigtable 系统为基础进行开发的，其数据模型与 Bigtable 十分相似，环架构类似于 Dynamo。

4.3 资源管理技术

将云计算技术应用到行业领域中时，除了要考虑到资源的利用率是否达标、怎样满足客户的要求等，如何正确地处理信息资源的管理问题也是十分重要的。

4.3.1 资源管理

资源管理是指抽象地记录具有物理属性的网络设备的信息，包括服务器、存储、IP、VLAN 等网络信息，以及设备、物理介质、软件资源和虚拟化形成的计算资源、网络资源、存储资源等资源池信息，并对其生命周期、容量和访问操作程序等进行管理，同时发掘、备份、核对、检查系统内部的配置信息。

按照类型划分，具有物理属性的网络设备和软件，主要有服务器类资源设备（计算服务器等）、存储类资源设备（SAN 设备、NAS 设备等）、网络类资源（交换机和路由器等）、软件类资源等。

服务器类资源设备主要负责自动发现和远程管理服务器设备，创建、修改、查询和删除相关资源记录，管理物理机的容量和能力；存储类资源设备主要负责提供管理接口，管理上层服务生命周期，并为其提供数据存储空间，包括文件、块和对象等，记录存储设备（存储空间的提供者）信息并对其实行综合管理；网络类资源主要负责查询、配置和管理路由器、交换机等网络设备；软件类资源主要负责获取和管理软件名称、软件类型、支持操作系统类型、部署环境、安装所需介质以及软件许可证等信息。

按照服务实例的需求，资源池可分为计算资源池、存储资源池、网络资源池和软件资源池。资源池表示对几个具有相同能力，即相同厂商生产的具有同种功能的设备，或同种具体参数的设备进行资源组合。

计算资源池是指将各种计算资源（如 CPU、内存、磁盘等）集中存放，以提供大规模计算任务处理能力的资源池。

存储资源池是指在云计算环境中，由计算机和存储设备组成的资源池。这个资源池提供了一种自动化的存储管理功能，可以通过计算机网络来统一管理和分配存储资源，从而满足云计算用户的需求。

网络资源池是指在云计算环境中，将网络资源集中管理和调度的一种方式。它可以实现资源的集中管理、调度和分配，同时提供高效的数据传输和通信服务。

软件资源池是指将各种软件应用程序（如 Web 服务器、聊天机器人等）集中存放，以提供大规模软件应用任务能力的资源池。

此外，管理模块还需联合数据中心内的各类资源和系统域管理所涉及的资源，如物理资源、各类资源池、系统策略、IP 地址池等。

4.3.2　资源监控

实行资源监控是保证运营管理平台的流程化、自动化和标准化运作的关键。资源监控是指预先分析和判断下层资源的管理模块提供的各种参数，为上层资源部署调度模块提供输入基础，有效融合了负载管理、资源部署和优化整理于一体。资源监控具体内容主要有以下 3 个方面。

故障监控：忽略不同设备差异，监控被管资源提供的故障采集、预处理、告警展现、告警处理等信息。首先，其具备分析、处理物理机、虚拟机、网络设备、存储设备和系统软件等自动发出的各种告警信息的功能；其次，其具备对系统的主动轮询，收集 KPI 指标，界定各种告警类型、告警级别和告警条件的含义，并以监视窗口、实时板等多种告警方式，展现静态门限值和动态门限值的功能；最后，其具备确定告警信息、升级告警级别、转由上一级管理支撑系统处理的功能。

性能监控：分析、处理和优化所采集到的数据，将其绘制成图表等形式，使管理员能在一个虚拟化环境界面中，清楚了解计算资源、存储资源和网络资源，尤其是总量、性能、使用状况和健康状态等。

自动巡检：定期检查核对每天的登录资源，自动完成任务，发送巡检结果。

监控指标或方法随着资源类型的改变而改变。CPU 监控只监控其使用情况；内存监控的内容包括对其使用状况和读写操作的实时监控；存储监控的内容包括对使用率、读写操作和各节点网络流量的监控；网络监控指对输入和输出流量以及路由状态等的监控；物理服务器监控指功耗的监控。

4.3.3 资源部署调度

资源部署调度是向上层应用交付资源的过程，拥有自动化部署流程，包括两个阶段。第一阶段，根据上层应用需求，资源部署调度模块需建立基础资源环境需求流程，实行初始化资源部署；第二阶段，根据上层应用的需要，动态地部署底层基础资源并实行优化。调度管理也应弹性地自动进行调度，调度策略制定应按照服务资源特点进行，自动按照流程操作，针对计算资源、网络、存储、软件、补丁等自动集中选择、部署、更改和回收。部署调度主要包括以下内容。

计算资源部署调度指利用设备厂商提供的部署工具，对服务器实行集中控制、批量自动化安装引导的过程，设置能让用户更改和安装 IP 地址、主机名、管理员口令、磁盘分区、安全设置、操作系统部件等需要的配置模板。

网络资源的部署调度，指借助自动网络配置部署平台，对网络基础环境，尤其是具有复杂性的多个供应商，实行端到端的统一自动化管理。配置具备控制、检查整个网络基础结构，确认网络安全，制定强硬的网络安全政策和规范的能力，以实现合法化。

存储资源的部署调度对象，是多个供应的存储环境，方式是对其进行自动配置和自动化管理。可以依据设备管理方式进行直接配置操作，或利用设备管理工具，统一配置和管理设备存储。

软件部署调度指自动生成安装数据库、中间件、Web 服务器、用户自开发应用等程序。此外，软件部署调度体现出回滚性质，即如若安装失败，可利用回滚功能修复环境。

补丁部署调度指建立联机或脱机方式，获取厂家最新的补丁信息，向用户推荐最新的补丁，弥补已有补丁的不足。补丁安装指令是补丁平台自动生成的。

此外，部署调度模块会按照惯例流程调度引擎、回收到期服务、管理服务中止和欠费客户等计算资源和网络资源的信息。比如，具体回收操作包括撤除虚拟机和物理机、回收虚拟网络的 IP 和公网的 IP、删除部分存储资源、配置均衡承载的设备和交换机、更新资源库信息、配置集成设备等。

4.3.4　资源负载均衡

负载均衡在资源管理中占有重要地位。为阻止资源浪费或形成系统瓶颈，管理和维护数据中心时都应实现负载均衡。

负载不均衡有以下 4 个方面的体现。

1. 同一服务器中，资源使用表现出类型的不均衡

例如，导致 CPU 利用率低而内存使用率高的根本原因通常在于在服务器采购和升级过程中对资源需求缺乏深刻理解和分析。最佳资源配置取决于应用程序的性质。对于计算密集型应用，应配置具有较高时钟频率的 CPU。对于 I/O 密集型应用，配置大容量、高速的磁盘会带来好处。对于网络密集型应用，配置需优先考虑高速网络以实现最佳性能。

2. 应用服务器不够统一，负载出现不均衡

Web 应用程序通常结构化为 3 个层次：表示层、应用层和数据层。这些层次中的每一层都可能在处理相同的业务请求时遇到不同的压力。因此，需要进行服务器配置调整，以与请求压力的分布保持一致。在应用层承受巨大压力的情况下，加强其配置成为一个可行的解决方案。当资源受限，导致供应不足时，可以考虑建立一个包含多个服务器的应用层集群环境以实现负载平衡。

3. 不同应用资源分配不均衡

由于数据中心运行的应用不止一个，每个应用对资源有不同的需求，因此需要根据各应用对资源的需求进行合理分配。

4. 使用时间不均衡

业务的使用呈现高峰期和低谷期两个时段，例如，在线游戏在周末和节假日的负载最大，而在工作日相对较轻。此外，业务系统的负载随着企业的成长通常呈上升趋势。这种使用时间的不均衡需要在资源分配上进行灵活调整。时间的不均衡具有一定特点：时间不均衡不是处于静止不变的，其配置问题需通过适时调整资源、进行严格管理和定期维护系统加以解决。总之，业务系统正常运行需制定有效的资源管理方式，提高资源利用率，合理分配资源，有效均衡负载，减少资源浪费，阻止系统瓶颈形成。HDFS 具备负载均衡数据的能力。例如，当复制因子为 3 时，首先，需要复制数据块，制定分散部署策略；其次，分别在本地机柜的两个不同数据节点设置两个副本，接着在另外一个机柜中的一个数据节点设置一个副本，这样一来，数据块读写均衡就可实现，数据可靠性也有了保证。此外，如果系统数据节点宕机，就会形成过低的复制因子。为保证系统的可靠性，实现数据均衡，系统会在访问文件热点时，自动复制数据块。为避免单独访问名字节点时出现性能瓶颈情况，HDFS 在读写数据时会借助客户端从数据节点获取数据直接进行存储。

4.4　集成一体化技术

近年来，由于企业用户需求随着云计算与大数据两个层面的变化而发生改变，国内外的 IT 厂商巨头开始相继设计和推出一体化的方案和产品，如 IBM、甲骨文、赛门铁克、曙光、浪潮等公司。

1. 用户需求加速一体化

"一体化"趋势最先并不始于存储，而是在服务器和网络领域中体现。在云计算发展的起步阶段，几个硬件厂商顶住压力，将传统普通计算转变成云计算，主打"一体化"发展战略。但是用户拥有选择主动权，有可能抛弃对硬件的投资或只将其视为消费品进而转向服务，所以硬件厂商提出的一体化方案需具有创造性，在竞争中掌握主动权。

以上所述情况并不同于存储一体化。针对存储一体化，包括备份和容灾，赛门铁克和爱数公司提出了一体化解决方案，主要以用户问题为导向，满足了很多用户试图借助一个盒子解决所有备份和容灾问题的愿望。存储一体化本质上只包含备份和容灾，但是在最开始阶段，虚拟化也是存储一体化提出的解决方案。比虚拟化更早的一体化解决方案是 NAS，一开始它不属于一体化行列，但其本质是对存储文件的一个设备进行一体化。一体化的发展历史不断循环往复，一代一代传承，下一代的解决方案有可能进化成为一种产品的通用形式，被当作业界标准。

一体化包括云计算和云存储的一体化，他们的共同目标是为用户提供简便的数据存储和使用方案，以满足其快速达到目的的愿望。例如，在云计算起步阶段，人们的目的是学会这个计算资源的使用，并不关注它的维护，存储也面临着同样情况。云存储是指上层云服务中心，负责接收底层所有管理和服务，方便用户对存储资源的使用。存储的发展速度迅速。一体化存储设备集中了人们所需的所有资源，价格低廉，功效显著，借助此设备，用户对于云存储数据资源的使用、搭建和维护将会变得更加方便。

因此，如今很多厂商都致力于发展易于部署的一体化结构方案，为用户提供更加简便的服务程序，满足用户的使用需求。

2. 用户对存储的需求

在云计算环境中，用户对存储主要有如下 4 点新需求：① 大且扩散、不断增加的数据量；② 高的性能要求；③ 更高的网络安全要求；④ 高效的存储功能。

无论是最先发展的 NAS 存储，以及之后出现的集群存储，还是当前谷歌的网络服务器存储，都各有优势，都能大幅度提高存储效率。谷歌存储能对数据进行并行计算，但是它在处理和联系每一个用户节点时，需进行大量工作。为增强分布式存储的每个节点的功能，需有机整合处理、存储、通信和管理功能于一体，实现每一个节点的功能智能化，这样逐渐发展出了一体机。以此为设计思路，在横向延伸基础上，再添加虚拟化、分层、高性能管理和通信的功能，这样的节点可扩展性更强，更能满足用户对于云计算的存储和计算的需求。

目前，整个 IT 行业都发生了巨大的技术改变，人们时常提及的云计算和大数据就发展于这个强大的技术环境下。针对改变原因，主要有两个方面：一是当前技术发展突破了传统模式，尤其是在 IT 产品、服务以及内部的产业分工的界定方面，出现了很多跨界情况，于是各种云计算一体机应势出现。二是软件本身的改变。之前传统备份具有很高的复杂度，被备份的设备与被备份的服务器数据之间，要进行大量管理和配置等工作，比较离散。随着技术进步，所有复杂度高的工作都可被抽离出来，集中到一个备份一体机中完成。

中国市场选择接受一体机和融合架构，主要原因体现为两个方面：①正面因素。由于很多大厂商致力于对融合技术架构的大力推广和宣传，极大地推动了其在市场上的应用。受此影响，中国用户开始逐渐接受一体化的设计概念。②一体机本地化策略。阻碍用户接受一体机的最大障碍，是实际价格高出他们的预期。国外用户的经济逻辑和购买理念是用明天的运营成本抵消今天的购买成本。但是，国内用户的成本计算方法却并不是如此，尤其是关于运营成本结构的理解，与国外用户存在巨大差异。因此，直接将这些从国外拿来的计算公式嫁接在中国用户上具有很大难度。国内厂商需根据中国用户的应用和运营情况提出恰当的解决方案，满足他们实际的使用需求，发挥一体机的真正价值。

4.5　集成自动化技术

自动化技术涉及利用计算机和相应的自动化控制软件，独立协调、管理和执行任务，以满足云计算技术的需求。该技术在监督不断增长的复杂性和优化云计算环境方面起着关键作用。基本上，自动化是在云计算领域建立可持续和可扩展的商业模型的基石。

1. 自动化的技术

云计算技术的正常运行，需要消耗大量物力资源，需要成百上千台计算机共同工作。同时，将计算机统一进行管理，也需要消耗众多人力进行协调，才能使计算机平稳运行并充分发挥作用。对人力、物力资源的大量消耗，促使人们对管理技术不断进行创新，试图探索出更先进、更实用的控制技术，由此诞生出了自动化控制系统。计算机通过设置自动化控制软件，在相关数据管理上进行自我协调、运算与分析，以促进云计算技术的正常运行。为了研究出更适合在云网络运行的自动化技术，人们需要对市场需求进行全面调研，并在收到信息反馈后，对选取的数据进行总结与分析，在充分了解市场背景后，设置相应的自动化软件，并构建满足市场服务需求的系统。特别是在大型数据中心的市场使用与全面推广中，还需对该项技术进行实时跟踪、监控，保障良好的使用环境，掌握该项技术支持的工作内容，及时发现在运行中出现的待处理问题。在不断使用中，为该技术发展制定相应标准，为用户提供可靠的、高质量的品牌服务。

在实际使用中，自动化技术的应用，在云计算环境方面起到了至关重要的积极影响。一方面，良好有序的系统，规范了市场的运行机制；另一方面，该技术促进了云计算技术水平的不断提高。因此，企业在运用云服务这一平台时，应将虚拟化、云计算和数据中心自动化三者的概念了解清楚，并将三者关联起来，共同协调发展。

2. 数据中心的自动化

如今，科技领域也逐渐将未来发展定位在采用自动化技术的方向上，使网络化、虚拟化与自动化相结合。对大数据信息的处理采用云计算程序，其发展离不开自动化技术。云计算服务与多种因素相辅相成，如虚拟化、SOA、数据中心自动化等。客户端的虚拟化、用户端的虚拟化，都需使用到云计算技术。而在各程序的使用中，SOA 为程序流转提供了动态机制和灵活性服务。数据中心自动化为云计算输送所需数据信息。因此，云计算要想得到更好的发展，需通过 SOA、虚拟化和数据中心自动化，3 方面共同努力，不断取得进步。

在对自动化进行定义时，有学者认为，自动化是云计算技术发展的基石，自动化程度的高低，决定着云计算水平发展快慢。现代工业水平的不断提升，将自动化融入了大部分产品中，无论是对使用者还是生产者来说，自动化技术都是不可或缺的。

还有学者认为，自动化对企业发展来说，具有举足轻重的作用。在企业运作中，多个流程都涉及自动化技术的应用，特别是在大企业管理中，海量数据的流动需要云计算进行控制。由此，数据构成的复杂性、云计算服务的多样性，使得企业与人们需要对该项技术进行深入了解与分析，并设置一定的监督管理流程，对应用软件流程提供帮助，以便在使用云计算技术时，使其服务得到进一步提升。

还有学者认为，企业在运用云计算技术时，需要将周围环境了解清楚，如市场发展趋势、技术创新能力、未来发展定位，以此找到对云计算的定位，帮助企业得到更好发展。还需要对整个流程全面控制，实现该行业的自动化和云端化。

自动化的发展对云计算的广泛应用产生了积极影响。因为发展环境的改变，使得应用系统发布变得越来越谨慎，在各因素中存在着许多相互依赖关系，而自动化的使用，在一定程度上规范了市场的发展，为云计算应用环境提供了发展空间。

当数据流通不断积累，并达到一定规模时，自动化的使用与发展，对于数据处理具有非常重要的作用，自动化将逐渐代替人力。对企业来说，云计算技术、虚拟平台的运行与数据管理中心是相辅相成的。云计算面临着不断的数据处理，自动化的产生也能使云计算算法变得越来越简明。

使用云计算的企业分为 3 种类型。第一种，是云计算任务量巨大、对数据使用较为频繁的企业，如亚马逊、谷歌和微软。第二种，是将云计算服务作为商品提供给消费者的企业。第三种，是向消费者提供数据资源的企业。例如，斯特拉塔维亚（Stratavia）公司就属于第三种企业类型。该企业在数据中心建立了公共云计算服务，以此对数据进行更好的使用，对企业进行引导和发展。自动化也是人们认可的未来云计算商业模式发展的前景与展望。

第5章 大数据与云计算的安全问题

科学技术的进步，使人们的工作、生活与数据息息相关，企业也意识到大数据分析会给其发展提供助力。比如，大数据分析能够为企业营销提供数据支撑，有助于运行效率的提升。同时，大数据的产生也使数据分析与应用更加复杂且难于管理，数据的增多亦使数据安全和隐私保护问题日渐突出。

此外，云计算近几年迅猛发展。一方面，云计算技术为如今的企业带来了新的业务模式，并大幅提升了效率与价值；另一方面，面对云时代带来的利好，对云计算技术安全问题也需相应地提高重视程度。

本章将重点探讨大数据和云计算技术面临的安全问题，并就它们遇到的安全问题提出一定的解决建议与方案。

5.1 大数据技术面临的安全问题

新兴的"大数据"实际是虚拟技术、云计算和数据中心三者使用率增加后的逻辑衍生物。大数据带来的巨大变革使人们的生活焕然一新，却也提出了新的挑战：即需要管理大量不断增加的数据，需要应对数据处理格式的可变性和数据速率的不确定性，需要处理非结构化数据，也需要以具有成本效益的方式及时地利用大数据。

从另一个角度看，虽然大数据提供了一个可有效利用数据的平台，但也存在着一些安全和合规性的问题，如大量的敏感数据分布在大量节点上、较少的安全控件和审查机制、软件应用发展迅速、目前的工具和数据存取方法较为粗糙等。随着云的落地，相关业界开始更多地探讨大数据及大数据安全问题。大数据安全的概念很大，既包括对大数据本身的安全保护，也包括通过对大数据的搜集、整合和分析所提供的更多更好的安全情报。用户将数据上传到云或从云中下载数据时，都需要扫描和屏蔽恶意数据，在云中也同样需要如此操作。

将所有的数据都存储在同一个地方，固然会使得保护数据变得更加简单，但也方便了黑客，使其目标变得更有诱惑力。大数据时代，数据量是非线性增长的，而绝大多数企业都没有专门的工具或流程来应对这种非线性增长，而数据量的不断增长，也让传统安全工具不再像以前那么有效。对于企业而言，安全隐患是大数据部署的重要障碍。数据库活动监测技术致力于解决的也是安全方面的隐患。

5.1.1　面临的信息安全问题

1. 数据泄露风险

数据泄露风险包括以下现象：① 网购行为：随着网购的盛行，人们会将自己的个人信息详细地填写在快递单上，这样在收到商品之后如果将快递袋随意扔掉，那么上面的个人信息很容易遭到泄露。② 点击非法网站的行为：如果在上网的过程中马虎大意，随意点击一些不安全的网站，那么也会泄露自己的个人信息。③ 随意扫描二维码：现在二维码已经和我们每个人的生活密切相关，如果我们在平时随意扫描一些来源不明的二维码，也会让自己的个人信息有泄露的风险。数据泄露会带来严重的后果，如身份盗用、金融损失、隐私侵犯、法律风险等。为了保护个人信息安全，我们应该采取有效的措施来预防数据泄露，如不随意丢弃快递单、不轻易将个人信息泄露给他人等。同时，也应该加强自我保护意识，注意保护自己的设备和数据，避免被黑客攻击和病毒感染。

2. 数据篡改风险

数据篡改是指通过技术手段对数据进行非法修改，包括修改数据的真实性、完整性和合法性。随着大数据应用的广泛普及，数据篡改的风险也越来越高。黑客可能通过病毒感染、恶意软件、漏洞等方式对数据进行篡改。数据篡改风险的现象包括但不限于以下几种：① 数据被恶意获取或转移：黑客攻击、数据被盗窃等行为可能会导致数据泄露或篡改。例如，未经授权的第三方可能会获取敏感数据或恶意修改数据。② 数据破坏：数据篡改可能会导致数据不一致、错误、不完整等问题，使数据被破坏，从而影响企业或个人的决策和声誉。例如，未经授权的对象可能会使用特殊软件对数据进行篡改。③ 其他信息安全风险：包括但不限于政府部门组织授权监测的暴露在互联网上的数据库、大数据平台等数据资产信息，以及有关单位掌握的威胁数据安全的其他风险信息等。数据篡改风险是一个严重的问题，可能会对企业或个人造成严重的后果。为了保护数据的安全性，企业应该采取有效的措施来预防数据篡改，例如，定期进行数据备份和恢复、对数据进行加密和签名等。同时，还应该建立完善的数据安全管理体系，包括数据访问控制、数据加密、数据备份、数据审计等。个人也应该加强自我保护意识，不随意修改自己的个人信息，并及时更新软件和系统，避免遭受数据篡改的风险。

3. 数据恶意使用风险

数据恶意使用是指企业或个人未经授权将机密或敏感数据用于非法目的。随着大数据技术的广泛应用，数据恶意使用的风险也越来越高。例如，企业可能将机密的客户数据用于广告营销，从而导致客户流失和商业损失。为了应对数据恶意使用的风险，企业应该采取有效的措施来保护数据的安全性。同时，企业还应该加强网络安全监控，实时监控网络的安全状况，及时发现和解决网络安全问题。

5.1.2　不同领域的安全需求

大数据时代，不同行业对大数据安全都有着各自的需求，接下来，结合各行业实际情况，初步分析它们的安全需求，为更好掌握大数据安全的含义以及制定安全策略做铺垫。

1. 互联网行业

与其他行业相比，互联网企业运用大数据分析技术时，会面临更多的用户隐私问题，同时，数据安全风险性也更高。伴随电子商务飞速发展、移动网络普及，黑客攻击行为变得更加隐蔽，对互联网企业保护数据安全提出了更高的要求。另外，机密数据保护的技术复杂，涉及领域较多，通晓法理以及专业技术的人才缺乏，这就给数据安全损失责任人的界定增加了难度。比如，当发生侵权事件时，侵权主体是个人还是企业，很难辨别。

因此，结合当前实际情况，互联网行业对安全的需求，具体分为以下 4 类：一是数据存储可靠性；二是挖掘分析安全性；三是运营监管严谨性；四是相应标准制定的科学性、合理性以及及时性。互联网行业需要在保障数据安全的基础上，利用大数据技术发现商业机会，挖掘商业价值。

2. 电信行业

当运营商参与向外部实体分享和开放数据时，面临 3 个主要挑战：保持数据机密性、保护用户隐私和促进业务合作。为了解决这些问题，运营商应采用多种技术方法进行数据建模、分类和价值确定。鉴于数据的分散性和多样化来源，对运营商而言，采用科学而有效的方法进行数据的收集、分类和分析，以确保数据的完整性和安全性变得至关重要。在与外部实体合作时，运营商应当管理好业务需求和数据需求的转变，强调建立安全的外部数据开放机制。在整个数据开放过程中，运营商必须优先考虑有效保护用户隐私和公司机密性。

实质上，运营商的安全要求涵盖敏感数据的机密性、完整性和可用性。在保护用户隐私的同时，运营商的总体目标是充分释放数据的内在价值。

3. 金融行业

金融行业具有明显的行业特色，主要体现为：一是系统间关系复杂，相互牵连；二是使用群体多样；三是安全风险源多；四是对信息的可靠性以及保密性要求更高。金融系统还必须具备冗余备份以及容错功能，并为管理者提供管理支持，能够灵活应对各类突发问题。另外，金融行业对网络也提出了较高要求，包括数据处理速度，以及数据传输过程中的安全性。金融行业对数据安全防范的重视程度日益提升，技术研发投入也在持续进行，但由于金融业务的复杂性、系统复杂度增加等因素的影响，该行业的数据安全风险仍在增加。

结合这一现状，总结出金融行业的安全需求为：一是数据访问控制；二是处理算法；三是网络安全；四是数据管理以及应用。通过不断满足上述需求，金融服务水平将明显提升，金融风险事件的发生率将有效降低。

4. 医疗行业

医疗数据的急剧增加，极大程度上加剧了数据存储难度。数据存储的安全性以及可靠性，是医院业务正常进行的重要保障。一旦医疗系统发生故障，对数据备份以及恢复提出了较高要求，若数据无法快速恢复，或在恢复过程中出现数据不完整情况，将会给医院以及病人带来严重损害。另外，相比其他行业数据，医疗领域数据隐私性更强，因此，医疗数据一般不会直接提供给外部单位，而医院自身对数据分析以及挖掘能力有限，无法对医疗数据进行有效利用。

综上所述，相比数据的安全性以及机密性，医疗行业更加注重数据隐私性。切实有效的数据隐私保护措施，也成了医疗行业的首要需求。另外，增强数据存储的安全性，建立更加完备的数据管理机制也是其重要的需求。

5.1.3 如何解决大数据安全问题

信息技术的发展为大数据的应用提供了强大的支撑，但同时也增加了数据安全问题的发生概率。为了保证数据安全，应采取有效的防护措施确保数据的安全性。只有这样，才能实现大数据的可持续发展，更好地服务于人们的生活和工作。

1. 风险防范建议

（1）提升相关人员素质

为了显著提升大数据技术的应用安全性，一个涉及加强人员资质以及提升他们防范数据风险能力的方法被适时提出。该方法包括创建一个支持性的工作环境、营造激励氛围，并实施有针对性的培训计划，以重塑培训理念并鼓励员工创新学习。此外，优化培训过程和内容、融入最新的知识和方法、淘汰陈旧的材料都很重要。这不仅提升了培训的质量，还激发了员工学习的热情，提高了培训的效果，促进了大数据安全管理水平的提升。专注于大数据技术知识和技能的培训，旨在实现信息化的大数据安全管理。利用基于互联网的方法，如使用多媒体教学、创造引人入胜的学习环境、引入各种大数据安全管理案例有助于员工提升他们的专业知识和技能，最终提升大数据安全管理的能力。

（2）强化数据安全意识

要应对大数据环境下的数据安全问题，首先要加强数据安全意识。企业和个人应该充分认识到数据安全的重要性，并采取有效的措施来保护数据的安全性。例如，定期备份数据、设置防火墙、使用加密技术等。具体内容如下。

一是加强员工数据安全意识培训。企业应该加强员工的数据安全意识培训，提高员工的数据安全技能，尤其是对于关键岗位的员工，应该进行更加严格的安全培训和认证。

二是建立数据安全管理体系。企业应该建立完善的数据安全管理体系，包括数据访问控制、数据加密、数据备份、数据审计等，确保企业的数据安全管理工作有章可循、有据可依。

三是加强网络安全监控和数据保护技术的研发和应用。企业应该加强网络安全监控，实时监控网络的安全状况，及时发现和解决网络安全问题。同时，企业还应该加强数据保护技术的研发和应用，以确保数据的安全性。

四是制定数据安全应急预案。企业应该制定数据安全应急预案，以确保在数据安全事件发生时能够迅速采取有效措施进行处理。

五是加强对数据安全事件的监督和管理。企业应该建立数据安全事件的应急响应机制和事后审查机制，确保数据安全事件得到及时有效的处理。

（3）建立完善的数据安全管理体系

首先，建立数据安全体系需要制定明确的数据安全策略，包括数据的保密、完整性、可用性和可追溯性等方面。策略的制定应当考虑企业的实际情况和业务需求，同时要与法律法规和行业标准保持一致。其次，建立数据安全管理体系需要有一个专门负责数据安全的组织架构，并配备具备相关专业技能的人员。这些人员应当有明确的职责和权限，并应当在数据安全方面进行培训和技能提升。再次，在建立数据安全管理体系之前，需要明确哪些数据是重要的，需要进行重点保护。这些重要数据资产可能包括客户信息、商业秘密、财务数据等。对于这些数据资产，需要采取更加严格的安全措施。从次，根据数据的敏感性和重要程度，对数据进行分类，并根据不同的类别制定不同的安全措施。同时，需要对不同类型的数据资产进行风险管理，识别出可能的安全威胁和漏洞，并采取措施加以防范。然后，对于数据的访问和权限控制，应当制定严格的策略和措施。只有具备相应权限的人员才能访问敏感数据和重要数据资产。同时，需要加强多层次身份验证和授权管理，确保数据的安全性和保密性。最后，为了确保数据的安全性，需要对数据进行备份和恢复。备份数据需要存储在安全可靠的地方，并需要进行定期测试和演练，以确保在发生数据丢失时能够及时恢复数据。由此可见，建立完善的数据安全管理体系是一个系统性、复杂性和长期性的任务。需要从多个角度出发，采取多种措施来确保数据的安全性和保密性。

（4）加强数据保护技术的研发和应用

首先，加强数据保护技术的研发，需要从多个方面入手。一方面，政府和企业应加大对数据保护技术研发的投入，培育更多具有创新能力和竞争力的数据保护技术企业，鼓励产学研用结合，推动技术创新和应用。另一方面，企业应注重提高自身数据保护技术水平，加强内部技术团队建设，推动技术研发和应用，提高数据保护的效率和安全性。其次，加强数据保护技术的应用也需要被重视。一方面，政府应加强对数据保护技术的推广和应用，通过制定相关政策和规范，推动数据保护技术的应用。另一方面，企业应加强对员工的数据安全意识培养和技术培训，提高员工对数据安全的重视程度和防范意识，确保数据保护技术得到有效应用。

(5) 加强大数据安全管理设施设备建设

为了确保大数据安全管理工作的顺利进行，企业或事业单位应主动采购先进的管理设备。首先，根据实际需要，采购必要的设施设备，如电脑、扫描仪、光盘刻录机等，并增加相关经费投入，以强化软件与系统方面的风险防范。其次，建立完善的大数据安全系统，强化系统的研发建设，将传统大数据安全管理的优势融入其中，以提高管理效率和安全性。最后，加强大数据安全管理的安全防护，包括提升管理人员的安全意识，重视硬件设备的升级与维护，全面提升大数据安全管理的水平和能力。通过这些措施，可以有效确保大数据安全管理工作的顺利进行。

2. 大数据安全保障措施

应对大数据安全问题需要设置一个满足 4 个基本条件的模型。第一个条件是创建在收集过程中对数据类型进行自动分类的工具。这确保数据从一开始就得到恰当的识别和分类，为有效的安全措施奠定基础。第二个条件是对高价值数据进行持续分析。这涉及评估数据的价值并随时监测变化。通过优先考虑高价值数据，安全工作可以集中在最需要的地方。第三个条件涉及建立一个带有加密的安全通信框架。加密为在传输过程中保护数据起到了至关重要的作用。实施强大的加密协议确保敏感信息保持机密，可以免受潜在威胁的侵害。第四个条件是制定相关的数据处理策略。这涉及创建全面的策略，确保在数据的整个生命周期中安全地处理和加工数据。

此外，可以采取各种措施来加强大数据安全。其中一项措施是实施数据标记。对大数据进行分类和标记可以有效地从庞大的数据集中过滤出有价值的信息。这不仅增强了安全性，还简化了计算过程，提供了一种实用且直接的安全解决方案。

另一可用措施是在分布式系统架构中建立用户权限。管理庞大的数据集需要仔细配置用户访问权限。用户可以根据其角色进行分组，为每个组分配不同级别的访问权限；可以为组内特定用户设置细粒度的权限，防止未经授权的访问，并确保用户在定义的权限范围内操作。

另外，增强加密系统也是一项关键措施。在信息交换过程中，加密是一种强大的防御机制。通过在上传前对数据流进行加密并在下载前进行解密，敏感数据可以免受潜在威胁的侵害。在客户端和服务器端都安装加密/解密系统以获得全面的保护是至关重要的。此外，采用受 Linux 系统影响的数据存储方法，类似于将密码信息与账户信息分开，通过在不同位置存储加密数据，进一步增强了安全性，消除了在单一位置存储敏感信息的风险。

总之，全面解决大数据安全问题涉及满足数据分类、持续分析、安全通信和数据处理策略的基本条件。通过实施诸如数据标记、用户权限和加密系统等措施，组织可以加强其大数据安全协议。这些积极的步骤有助于构建一个坚固而有弹性的安全框架，对于在大数据时代保护敏感信息至关重要。

5.2　云计算技术面临的安全问题

云计算作为一种新的计算与信息服务模式，安全问题显然是其能否真正被广大用户接受并应用的关键前提。云计算的集中规模化信息服务方式，使得云计算系统一旦产生安全问题，其波及面之广、扩散速度之快、影响层面之深、各类问题纠缠以及相互叠加之复杂远胜于其他计算系统。当用户的业务数据以及业务处理完全依赖于远方的云服务提供商时，便会对自己数据存放得是否安全保密、云服务是否完全可依赖等问题存在顾虑。因此，云计算安全理所当然地成为云计算理论与应用研究关注的焦点问题。

5.2.1　云计算技术面临的安全问题

2009 年 2 月，谷歌的 Gmail 电子邮箱爆发全球性故障，服务中断时间长达 4h。[①] 根据谷歌的解释，事故原因是其在对欧洲的数据中心进行例行维护时，部分新输入的程序代码存在副作用，导致欧洲另一个资料中心过载，引发连锁效应波及其他数据中心接口，导致其他数据中心也无法正常工作。

2017 年，美国信用报告公司 Equifax 遭受了一次严重的数据泄露，涉及 1.5 亿美国公民。[②] 此次泄露与云计算服务中的一个未及时修复的漏洞有关，导致攻击者能够访问敏感的个人信息。

2018 年，Facebook 爆发了一起严重的数据泄露事件，导致超过 5 000 万用户数据被泄露。[③] 攻击者通过滥用云计算服务中的访问权限，获取了用户的敏感信息。

同年，GitHub 经历了一次规模庞大的 DDoS 攻击，攻击者利用云服务的弹性扩展性，通过使用大规模的僵尸网络发起攻击，使 GitHub 的服务瘫痪。

2019 年，Capital One 遭受攻击，暴露了超过 1 000 万名客户的敏感信息。[④] 攻击者通过利用云服务中的不当配置来获取访问权限，许多云存储服务因为配置错误而导致数据泄露。

2020 年，SolarWinds 遭受了一起广受关注的供应链攻击。[⑤] 黑客通过篡改 SolarWinds 公司的软件更新，成功侵入数百家客户的网络，包括政府机构和企业。这一攻击暴露了云计算服务供应链的脆弱性。

自云计算被提出并推广，已经出现过几起比较有影响力的安全事故，这

---

① 谷歌 Gmail 出现全球性故障 用户数小时无法访问，中国新闻网，2009 年 02 月 25 日，http://www.chinanews.com.cn/it/itxw/news/2009/02-25/1578259.shtml。

② 信用机构 Equifax 数据泄露，黑客是谁，网易，2020 年 2 月 12 日，https://www.163.com/dy/article/F56S6L04053257CG.html。

③ Facebook 被窃取了 5 000 万个用户隐私，网易，2022 年 6 月 15 日，https://www.163.com/dy/article/H9U6T1700553BG5O.html。

④ 1 亿条客户数据泄露，GitHub 与 CapitalOne 遭集体诉讼，凤凰网，2019 年 8 月 3 日，https://tech.ifeng.com/c/7opy6nezwLA。

⑤ 以设计确保安全，SolarWinds 供应链攻击事件分析，搜狐，2021 年 7 月 5 日，https://www.sohu.com/a/475655821_374240。

些安全事故在提醒着人们：百分之百可靠的云计算服务目前还不存在。在关注云计算发展及应用的同时，其安全问题也是我们需要密切关注的。

1. 服务模式的安全威胁

在 IaaS 模式下，攻击者可以发动的攻击包括几种：针对 VMM，通过 VMM 中驻留的恶意代码发动攻击；对虚拟机 VM 发动攻击，主要是通过 VM 发动对 VMM 及其他 VM 的攻击；通过 VM 之间的共享资源与隐藏通道发动攻击，以窃取机密数据；通过 VM 的镜像备份来发动攻击，分析 VM 镜像窃取数据；通过 VM 迁移，把 VM 迁移到自己掌控的服务器，再对 VM 发动攻击。

在 PaaS 模式下，攻击者可以通过共享资源、隐匿的数据通道，盗取同一个 PaaS 服务器中其他 PaaS 服务进程中的数据，或针对这些进程发动攻击。进程在 PaaS 服务器之间迁移时，也会被攻击者攻击。此外，由于 PaaS 模式部分建立在 IaaS、DaaS 上，所以 IaaS、DaaS 中存在的可能攻击位置，PaaS 模式也相应存在。

在 DaaS 模式下，攻击者有多种途径窃取用户机密数据，包括直接利用其掌握的服务器窃取、通过索引服务定位用户数据并窃取，以及利用 DaaS 对 IaaS、PaaS 创建的虚拟化数据服务器的依赖窃取。

在 SaaS 模式下，除了上述 3 种模式中可能存在的攻击，由于 SaaS 模式可能存在于 Web 服务器易被攻击的位置，攻击者也可能针对 SaaS 的 Web 服务器发动攻击。

2. 结构本质的安全威胁

网络也是云计算重要的攻击位置，通过网络，攻击者可以窃取其中传递的云计算数据。由此可见，云计算各模式中几乎各处都存在有可能被利用的攻击位置，这是由云计算的本质所决定的。与传统的并行计算、分布式计算等计算技术和计算模式相比，云计算模式的结构与技术层次更具复杂性，一般体现在以下 4 个方面。

（1）虚拟化资源的迁移特性

虚拟化技术是云计算中最为重要的技术，通过虚拟化技术，云计算可以实现 SaaS、IaaS、DaaS 等多种云计算模式。虚拟化技术的应用带来了云计算与传统计算技术的一个本质性区别，即资源的迁移特性——云计算模式可以通过虚拟化技术来实现计算资源和数据资源的动态迁移，而这一特性，特别是数据资源的动态迁移，是传统安全研究很少涉及的领域。

（2）虚拟化资源带来的意外耦合

由于虚拟化资源的迁移特性，引发了虚拟化资源的意外耦合，即本来不可能位于同一计算环境中的资源，由于迁移而处于同一环境中，这也可能会带来新的安全问题。

（3）资源所有者的所有权与管理权的分离

在云计算中，虚拟化资源因动态迁移而发生所有权与管理权的分离，即资源的所有者无法直接控制资源的使用情况，这也是云计算安全研究最为重要的组成部分之一。

（4）资源与应用的分离

在云计算模式下，PaaS 是一个重要的组成部分，其通过云计算服务商提供的应用接口来实现相应的功能，而调用应用接口来处理虚拟化的数据资源，会导致应用与资源的分离——应用来自一个服务器，资源来自另一个服务器，二者位于不同的计算环境，给云计算的安全增添了复杂性。

3. 安全威胁的类型

（1）数据安全

在云计算中，Daas 模式使数据成了服务，并且具有独立属性。数据服务一般包括 3 类：一是远程数据存储；二是数据备份；三是数据查询分析。云计算的出现，使得用户数据逐步脱离用户的掌控，由该服务提供商进行统一管理。云计算中所指的数据安全，包括用户数据的拥有权、管理权的界定，以及 Dass 平台自身的安全。

（2）虚拟化安全

虚拟服务器作为虚拟服务器系统的一部分，由多个物理服务器组成，为用户提供分布式服务器服务，同时呈现为一个集成的服务。同样，虚拟数据库涉及将物理数据映射到标准化的数据集中。虽然虚拟服务器增强了安全性，但在应用过程中容易受到攻击。为了有效防止这类攻击，虚拟服务器需要具备身份识别的能力，以迅速恢复服务器的响应性，确保通信服务的不间断。然而，虚拟服务器技术中固有的安全漏洞可能妨碍身份识别和备份启动的顺序功能，虚拟服务器的实际应用需要更全面的安全防护机制，以应对潜在的系统攻击。

（3）服务传递安全

云计算提供的各类服务都必须借助网络传达至用户，因此，如何提高网络安全性、如何确保服务在传递过程中的完整性以及保密性，必然是云计算安全领域的重要问题。

（4）可信云安全技术问题

目前，可信云安全技术涵盖可信融合验证、可信密码和可信模式识别等多个领域。由于用户对云计算的理解存在差异，整体安全防范意识相对较低。以可信密码技术为例，大多数用户倾向于使用容易猜测的密码模式，如出生日期，这增加了破解风险。云环境中的安全漏洞可能导致用户信息泄露，对企业机密文件管理带来负面影响。因此，提高用户对云安全的认知，采用更可靠的密码设置方式，对确保云计算安全至关重要。

（5）云计算系统稳定性问题

在云计算资源池进行大规模数据处理和分析时，许多云服务器提供商建立了综合的云计算安全系统，包括技术、杀毒软件、管理和备份设备。然而，这些系统并不能完全确保运行稳定性。安全故障可能导致用户数据丢失或服务中断，揭示了云安全管理和杀毒软件系统的薄弱性。由于云计算系统的不稳定性可能带来潜在威胁，为保障数据安全，有必要进一步加强云计算安全系统的稳定性。

(6) 云计算数据反馈问题

在云计算环境中，由于云环境没有发生重大故障，用户对潜在安全问题的认识仍然有限。通常，用户只会收到最基本的信息，通常是通过基本通知，如服务器中断或托管数据中的异常来传达。缺乏详细的反馈信息成为一个重要问题，特别是考虑到存储在云环境中的大量用户信息对于用户分析和计算至关重要。为了解决这一挑战，云服务提供商有必要采取措施加强数据反馈机制。加强数据反馈机制对于使用户更全面地了解其云中数据的安全状态至关重要。这种方法不仅能够教育客户有关潜在安全问题，还能够促使用户对数据安全事务增加关注和警惕。

5.2.2　云计算安全问题解决思路

尽管云计算带来了巨大商机，但随之而来的运营和使用风险包括用户数据泄露、不完全的数据删除、账户和通信的威胁、管理界面的破坏、内部威胁、不安全的 API 以及云服务的恶意使用等。这些风险可能对用户数据的保密性、可用性和完整性造成重大破坏，甚至可能导致经济信息失控等更为严重的后果，进而直接威胁到国家安全。因此，云计算除了提供商机外，也需要高度关注这些潜在风险，采取有效的安全措施，以确保云计算系统的稳健性和用户数据的全面安全。

1. 制度和标准统一

随着云计算技术的发展，云计算已成为信息传播的热门高效平台。在云计算技术初期发展阶段，对于相关法规和标准的全面的制定迫在眉睫。因此，有必要明确云计算系统运营商和用户的责任和义务。鉴于云计算技术的发展和商业模式，迅速建立全面的法规和行业规范，确保云计算技术行业内的执行标准和服务规定一致，变得至关重要。

具体而言，建议引入适当的数据保护法律，为云计算平台建立网络安全保护体系，制定应急响应计划，明确云计算服务提供商的管理责任，规范跨境云计算技术的商业模式，并制定用户日志保留标准等。云计算服务由于其提供方便、快捷、经济的信息传播渠道，降低了互联网业务发展的门槛，成为用户便利和公司受益的渠道。在这些利益的推动下，有必要建立强有力的控制措施，确保云计算服务行业的和谐发展。

鉴于云计算服务的广泛范围，对其进行管理是一个重大挑战。然而，可以根据用户群体、使用范围和商业模式的不同安全级别对云计算服务进行分类。例如，可以基于用户群体将其划分为面向政府、企业和普通用户的云服务；基于使用范围划分为私有云、公有云和混合云；基于商业模式划分为提供信息、数据、软件和基础设施资源的云服务。随后，可以根据每个级别的特点和要求提供相应的安全保护标准和级别保护体系。

"混合云"的崛起将进一步加速云计算技术的进程。目前，云计算技术已普及化，众多企业会采用虚拟化及自动化处理信息数据，私有云和公共云的兼容与转变逐渐成为潮流。塑造可信赖的"混合云"，完善各项安全防护，以求实现效率最大化，已逐渐形成一种普遍趋势。未来，私有云将会构筑公共云服务系统的核心，在 IT 数据中心以及混合环境间实现更强控制，这将成为"混合云"处于市场优势地位的关键之一。同样重要的还包括建立具备信誉度的第三方公共云服务平台，例如由各企业出资设立的云服务平台、由政府主管部门开启的公共云服务平台等。

近年来，国内外的云计算技术在日新月异中取得不少显著成就，为用户提供安全可靠且高效的服务模式。然而不论在国内或海外，至今尚未在云计算领域形成统一规范。每种云服务都采用了各自独特的操作方式，在传递与分享信息数据方面无法兼容融合，这导致云计算技术的发展走向分散，使行业整体合力难以形成。因此，制定统一的行业标准，使各服务提供商在技术应用、方法手段上可以达到一致性，对于云计算领域的长期高效发展至关重要。

2. 实现用户数据与信息的加密

通常来说，云计算服务是零星分散开的，这就要求加强对数据访问的监控。数据存在于网上和云计算技术提供的服务中，由于用户授权限制的原因可能无法访问用户域也无法访问控制体系，所以对用户的部分有关隐私数据就无法形成有效的保护。对于一些不良商贩自卖自盗的行为，应该采取相应的措施，其中最有效的莫过于分级分权管理，不同的用户授予不同的权限，根据权限来访问对应数据，同时采取封装策略，不泄露用户数据的具体存储位置，以此来确保数据的安全。

就云计算安全而言，防止外部人员盗取内部数据至关重要，因此数据的隔离体系显得非常重要，其不仅能够防止外来人员访问内部资料，还能够采用加密技术来确保云计算的安全。在上传之前进行密钥加密，上传后再通过对应的加密方式来解密，这样就能确保安全上传。至于加密的手段有很多，而且加密手段也很成熟。通常来说，在数据加密时，大部分还会同时使用数据切分，就是把数据分成不同的部分分散存储在不同区域的服务器上，这样可以提高数据的安全性。

如果想预防来自外界的攻击，那就需要通过全过程的保护和秘密的保驾护航，来保护存储在硬盘中的数据不被盗取，确保程序免于篡改。在这种情况下，我们无法区分访问是来自进程内还是其他进程：攻击程序和受害程序在同一个平台上运行，另外使用的密码加密程序也是同一个（当然也产生数据摘要）。这样很明显可以看出，安全终端不仅仅是抵御来自平台之外的攻击就可以实现了。有 3 个层次可以进行进程的隔离。如果存储器在外部的话，进程不同，那么所采取的措施也不同，用来加密数据的密钥也不同，从而生成的加密摘要也不尽相同。如果进程之间可以相互访问但密码可以互设不同，那么不仅在解密方面很可能会拿到错误的信息，而且系统会在不能通过系统验证的情况下及时制止非法的访问。当然还可以在硬件方面下功夫，使得软件可以对密钥、保护模式等进行配置。

数据的完整性就是指在长时间内存储在云端的数据不会随着时间的推移而改变，也不会造成数据丢失。在传统意义上，如果想确保云计算服务器里数据的安全性，可以通过以下几种手段。第一，通过快照、备份或容灾等手段进行数据保护和恢复，是一种相当有效的措施，其实现需要软硬件的支持。通过硬件备份就是指再备用一个服务器，两个服务器的数据相同；通过软件备份就是用现有的备份软件来实现，可以按照用户的需求来进行操作，包括在线备份、离线备份等，这样对用户的影响很小。第二，云计算的安全环境因为虚拟机的加入而有所改变，但是虚拟机也带来了很多安全问题。虽然可以解决，但是付出的成本过高（虚拟机保护机制很复杂，而且需要的安全工具和方法与主机使用的完全不同）。引入虚拟机带来的安全问题包括以下内容：侦听是在脆弱的服务器端口进行，安全措施不到位的账户可能会被劫持，密钥（接入和管理主机）被窃取。但是，也可以通过选择带有安全模块的虚拟服务器来解决这些问题。此外，在进行逻辑上的隔离和安装时，每一个服务器都需要一个单独的硬盘分区。如果想要实现虚拟服务器之间的隔离，能够通过 VLAN 和不同的 IP 网来实现，它们之间的通讯能够通过 VPN 和有效的备份来实现。

数据在云环境中的传输安全也不容忽视。数据传输具体分为两种形式：一是用户和云的数据传输，这种方式一般为远程传输，需要跨越互联网；二是云内部虚拟机之间的传输。为切实提升数据传输的安全性，数据传输时，必须进行端到端的加密，并且一般通过协议方式完成，云终端、服务器以及应用服务器间，采用安全套接字层完成数据加密。

对于安全级别更好的场景，同态加密机制是最优选择。它指的是，不需要对用户数据解密，云计算平台也能够对这些数据进行处理，同时能够给予正确结果。伴随该技术研究的不断成熟，未来，对同态加密技术的应用，能够大幅提升数据传输的安全性。

3. 提升云计算系统的稳定性

为了确保云计算服务的稳定性和安全性，需采取一系列有效的网络和设备管理措施。这包括统一规划基础网络 IP，绑定 MAC 与 IP 以杜绝虚假地址；对网络核心设备实施冗余备份和动态流量监测以降低 DDoS 攻击概率；合理设置防火墙位置提供全面安全保障；改善分布式主机设备设置，减少非必要服务端口、简化管理流程并定期使用补丁系统修复软件；将 IDS/IPS 设备置于信息中心，限制用户登录次数以强化访问安全；配备先进的病毒防护系统，并及时对病毒防护系统和补丁系统进行升级。这些措施综合应对网络中断、DDoS 攻击、安全管理和系统故障等问题，确保云计算服务的可靠性和安全性。

除了这些外部防护方法，操作系统的安全性也对云服务器的整体安全性产生着重要影响。因此，在确保病毒防护系统升级的同时，不应忽视对操作系统的安全性的全面考虑，以构建一个更为稳固的云服务器安全体系。

目前，世界上很多科技公司意识到了保障操作系统安全的重要性，因此，结合实际需要，多国云服务提供商均设计了自己的云安全操作系统，这类操作系统一般都具备完善的安全机制，其包括三大重要机制：一是身份认证；二是访问控制；三是行为审计，为服务器安全提供了进一步的保障。

4. 优化可信云安全技术计算平台

为提升云计算环境的数据管理安全性，可采用多层次的安全措施。首先，应善用可信密码学技术，通过替换数据库密钥和引入复杂的加密解密技术，提高密钥破解难度。其次，引入生物技术，如指纹、人脸、语音识别等，以及设置双因素认证，提高云环境的安全系数。再次，建立用户安全性分级标准，通过对用户异常操作的动态分析进行分级，实施相应的安全提示和封锁措施。最后，采用模式识别认证技术作为对生物学认证的辅助，通过通信认证和可信融合验证等方式，提供多重认证手段，以确保云计算环境的安全性。

5. 针对虚拟化服务构建安全体系

在虚拟化安全技术应用中，为解决系统性和全面性不足的问题，需要建立一个完整的虚拟化环境。而为了保证虚拟化环境的安全性，可信计算技术提供了一种有效的解决方案。可信计算技术通过硬件和软件的协同工作，确保虚拟化环境中的计算过程和数据的机密性、完整性和可信度。

可信计算技术是解决源于软硬件结构简单性的基础安全漏洞的强大解决方案。这一先进技术确保虚拟机的动态完整性，促进在不同虚拟环境中的可信的互操作性，并为数据迁移、存储和访问控制提供安全解决方案。其总体目标是创建一个安全的计算环境，增强终端连接的可信度，并在虚拟空间中建立相互信任。

可信计算的核心在于建立安全的计算环境，确保虚拟机的动态完整性并促进互操作性。它将其影响扩展到数据管理的关键方面，解决与迁移、存储和访问控制相关的挑战。可信计算在保护现代计算基础设施的基础构件——虚拟机方面做出了重大贡献。这种增强的安全支持对于依赖虚拟化环境的稳定性和安全性的上层服务尤为有价值。

总的来说，可信计算技术是应对当代计算安全挑战的综合性响应。通过专注于动态完整性、互操作性和安全数据管理，可信计算在虚拟空间中建立了一个安全且相互信任的氛围，使其成为安全计算基础设施持续演进中的基石。

6. 构建动态化的数据反馈渠道

云计算信息安全标准体系的建立对于用户和云计算服务商之间的沟通关系至关重要，旨在提供系统化的指导和参考依据，使用户能够准确地识别和管理数据安全问题。为实现这一目标，首先需要成立第三方审计平台，对云计算进行规范的审计，将已存在的数据安全问题以动态形式发布。其次，安全日志中的记录作为用户与服务商沟通的依据，保留详细的数据存储历史痕迹，用户可基于需求构建数据安全管理体系。最后，动态监控数据变化，重点关注出现频率最高的异常类型，实时响应并发出警告，有助于及时发现潜在的数据安全问题。

第6章　大数据与云计算技术的发展应用

在当今社会发展中，各行业都需要数据信息的支持，大数据和云计算技术的应用成为关注焦点。通过采用大数据和云计算技术，不仅能够为行业带来更大的发展优势，还能创造多样化的发展途径。本章将主要探讨大数据与云计算技术在不同行业领域中的发展应用，进一步剖析二者在不同行业领域的发展现状及未来发展趋势。

6.1　大数据与云计算技术发展趋势概述

人们在 IT 产业变革的节点上，感受着巨浪的侵袭：云计算和大数据的发展促使 IT 产业生产力发生重大变革；生产力的变化让许多技术和模式拥有了新的血液；互联网和社会也面临着重构。

6.1.1　"系统架构+数据+人"方面的发展

大型机时期，硬件是生产力的核心。随着科技的发展，人们进入 PC 时代，软件逐渐取代硬件，成为 IT 主力军。当人们进入互联网时代，"人+软件"成为该产业新的生产力。在新软件研发成功后，会有很多工程师对其不断完善和升级。

在云时代，IT 产业主要由"系统架构+数据+人"来主导。云计算产生的存储资源、计算方式，会促进数据量激增，从而让系统架构的作用越来越重要，因为它是大数据和云计算运营的基础。信息化网络时代，数据流通日益频繁，它们被广泛应用于各种服务和系统构建中。任何一个系统架构和软件的结合，都是一个系统，而且会不断有人参与进来，对它进行维护、修改，以及升级。此外，还要凭借海量数据为依托，不断完善和优化系统，增强系统性能。

以百度搜索为例，当用户发出搜索请求后，会出现一些无法确定搜索结果的情况，并且页面没有排序性。要解决这一问题，要利用一定算法，采用两种排序方法，随机抽取 5% 的用户，一共两组，分别对两种排序方法进行使用。再通过庞杂的数据及对比结果，传输给学习平台，进一步挖掘、分析算法优势，不断优化其搜索系统，才能为用户提供更好的搜索质量。

6.1.2 数据中心计算方面的发展

发展 IT 产业的核心力量在不断变革，从而引起模式改变，使存储、计算资源出现集中的特点。对海量数据进行优化处理和存储，要充分发挥系统架构的重要性，这也意味着计算模式的变革。即从单机计算（桌面系统）升级为数据中心。与此相关的是软硬件思路、设计原则的变化，这一系列的反应，造成了 IT 产业核心技术的根本性变革。

单机计算相对于数据中心计算，其计算能力好比一条溪流相对于一条大河，而且数据中心对于容错的处理，更具系统性和逻辑性。以往的单机设计，追求的是系统安全性。因此，在系统的最初设计中，特意增加了校验逻辑和冗余信息，保证在错误后能够恢复。但数据中心计算采取的是分布式系统，它的抗风险能力更强，即使任意计算机产生问题，也不会影响整个系统运行，这是二者最本质的差异。此外，二者在应用场景方面也有差异，单机计算是单用户处理多任务，数据中心计算是多用户处理单任务，所以后者要考虑并行性因素。

计算模式的变革也影响了软硬件的设计思路，以 SSD 为例：对于以往SSD 架构而言，Flash 存储单元被 SSD 总控制器控制，好处在于层次化、黑箱化，缺点是 SSD 通常写入较慢，读取较快，易产生瓶颈。所以，百度最大程度上简化了 SSD 控制器，并且取消了 SSD 架构中擦写平衡、写缓冲等逻辑。百度通过将 SSD 划分成多个单元，确保每个单元包含存储单元和控制器，并通过多管道连接到上层存储系统，从而提升存储和读取效率。这项技术革新使得百度设计的 SSD 表现出卓越性能，相较于 PCIE Flash 有 2 倍的性能，成本下降 40%；相较于 SATA SSD 有 6 倍的性能，成本下降 10%。

6.1.3   重构互联网方面的发展

大数据和云计算对互联网的发展起到了至关重要的作用，引起了开发方式、计算方式、IT 生产力等方面技术和架构的变革，并且在很大程度上推动了社会进步。只有能真正改变生活，提高人们生活质量的技术才具有现实意义。推动社会变革，离不开大数据和云计算的鼎力支持。

可以预想得到，在未来会出现各种各样便捷且智能化的生活场景，这需要利用云计算连接、融合各个渠道数据。但现在资源和数据都是零散的，存在于各个系统中，没有进行有效衔接，这就造成数据停滞在不同应用间和设备上。因此，互联网进行重构具有积极意义。

互联网需要不断革新，目前，引领互联网发展的关键在于建立云操作系统。要建立人人共享的模式，在云操作系统中，能够聚合所有服务、数据、业务系统本身以及用户 ID，形成一个合作创新、规模庞大的平台。在拥有海量数据基础上，大数据算法有了发挥的空间，并且不断有用户和工程师加入，利用大数据将系统不断优化，最终形成一个具有全面性、统一性的庞大的智能系统。这是物联网进行改革的本质，将机器与人进行连接，将结果与原因进行连接，推动该系统快速进化，进而重构社会。

对于医疗产业而言，大数据和云计算将医疗健康及卫生产业成功应用在物联网中，成为全球化"健康物联"的朝阳产业，形成一个经济发展的新业态。随着云计算、物联网、移动互联网等技术不断发展，涌现出具有远程智能化的、可穿戴的医疗电子设备的新应用，有着广阔的市场发展前景。

世界上的经济强国，都将云计算或大数据作为国家发展战略。美国早在

2010 年，就出台云第一的政策，并且将其落实到各机构之中，强制性规定，无论哪一个新投资，都必须先采用云计算进行全面的安全性评估，这也在某种程度上，推动了云服务的发展。2012 年，美国启动了"大数据研究与开发计划"，在联邦机构间投入 2 亿美元，重点处理和分析大规模数据集，以推动各个行业的进步。同年，日本推出了《面向 2020 年的 ICT 综合战略》，强调通过大数据整合，特别是在云计算领域，迅速收集有价值的信息。两国都期望利用大数据推动创新、促进经济增长，并在各个领域提供更好的服务。美国的举措意在推动技术进步，而日本的战略则符合其"社会 5.0"愿景，即信息技术解决社会挑战。

近年来，各国政府对云计算和大数据的发展表现出巨大的意愿，并将其视为国家战略的重要组成部分，通过政策、法律倾斜和财政支持为其研发提供强有力的支持。在这个背景下，中国的云计算和大数据产业也取得了快速的发展。近年来，中国高度重视大数据产业，将其纳入国家战略性项目，加强国际合作，以期解决行业标准、核心技术和应用推广等方面的问题。

首先，制定行业相关标准是关键之举。这些标准应涵盖技术和服务，有助于形成产业化集群和推动规模化发展。通过建立明确的技术和服务标准，可以为企业提供明确的方向，促进产业协同发展，同时也有助于提升整个产业的国际竞争力。

其次，大力研发关键核心技术至关重要。通过深度投入研发，中国可以拓宽云计算服务的范围，实现关键核心技术产品的产业化和规模化。这包括对云计算基础设施、数据存储和处理、网络安全等方面的技术创新，为中国的云计算产业奠定坚实的技术基础。

最后，提高云计算应用推广力度是发展的关键一环。通过开展试点示范工程和大型平台建设，可以有效推动产业链的全面发展。这包括在各个行业开展云计算应用示范，通过成功案例的推广，带动更多企业的参与，推动整个产业的成熟和壮大。

总体而言，中国在云计算和大数据领域面临的机遇和挑战并存。通过加强标准制定、核心技术研发和应用推广，中国有望在全球范围内发挥引领作用，建设创新型、高效能的云计算和大数据产业体系，为国家经济的可持续发展提供强大支撑。

6.2　大数据与云计算在通信行业中的应用

通信行业对于国家多个产业的发展建设都产生了巨大的影响，正是在通信行业的支持下，全球化才成为现实。大数据与云计算等新兴技术的出现，使得移动通信技术得以朝着更加理想化的方向发展，形成了全新的发展业态。如何发挥相关技术的优势，促使通信行业朝着更好的方向发展，已成为当下各界需要关注的焦点。

6.2.1　通信行业概述

1. 用户数量快速增长

如今，随着信息技术的普及发展，通信行业用户数量迎来井喷式增长。除了传统的移动通信之外，在信息技术的支持之下，用户还可以借助多种通信终端设备在多个平台注册社交通信账号，比如说，微信、QQ 等，这些社交软件所具有的即时性、交互性等功能，甚至逐渐取代了传统的通信方式。通信行业用户大规模增长，其使得数据规模扩大，对通信技术也提出了更高的标准和要求。只有积极创新发展通信技术，才能有效满足不同用户的计算与存储需求。

2. 通信终端智能水平显著提高

在新的时代背景下，互联网、现代信息技术等得以迅猛发展，通信智能终端不断升级创新发展，各个领域的智能设备数量大幅度增长，比如，除了传统的手机、电脑等通信设备外，现如今越来越多的家居设备以及工业设备等都开始与通信技术有机融合，智能服务呈现出多元化的特点，在各个行业和领域都需要借助通信服务获得更加高质量的发展，这种情况下，通信行业必须积极主动提升自身的服务能力与技术水平，大数据挖掘、人工智能分析所面临的挑战也更多。

3. 应用服务呈现出规模化特征

随着技术的不断创新发展，各行各业的信息化水平有了显著性的提升，可以说任何一个行业要想实现发展壮大都离不开通信技术的支持，通信行业的重要性不言而喻。同时，因为行业经营内容、模式方法等存在差异，还衍生了诸多个性化需求。为了更好地满足用户规模化应用需求，解决好行业发展中存在的问题与不足，通信行业在提供应用服务的过程中，还需要考虑规模化方面的问题，注重服务响应时间要求，要不断增强通信行业的服务能力，这样才能有效提高广大用户的满意度，助力通信行业朝着更加理想化的方向发展。

6.2.2 大数据与云计算对通信行业产生的影响

1. 降低客户端要求

当前，随着 5G 技术日渐成熟，5G 技术的研发以及使用也朝着更加高质量的方向发展，未来 5G 的大规模应用必将会成为现实。在社会与科技现代化进程中，智能手机具有多方面的功能，用户只需要下载相应的客户端就可以满足自身多方面的需求，其给人们的生活以及工作提供了诸多便利，比如，日常消费可以借助移动支付满足消费购物需求，旅游出行则可以借助各类 App 满足预订机票以及酒店的需求。智能手机因为能够实现多样化的功能、搭载各类高效便捷的客户端而吸引了大量的用户。相较于电脑等传统通信设备来说，智能手机的普及推广对通信行业的发展影响巨大，因为在智能手机普及推广的过程中，随着各类移动客户端的多元化，其对于数据的整合处理提出了更高的标准和要求。如果数据整合效率低下，那么手机客户端的应用势必会因此而受到影响；应用效果差，用户的需求便难以得到有效满足。大数据技术、云计算等在移动设备中的应用和推广，可以提高各类数据的整合以及处理效率，有效满足了用户端需求，使得数据的存储以及应用朝着更加高效的方向发展，用户端操作的便捷性以及稳定性也得到了更好的保证。

2. 高质量网络服务与客户分析

在互联网技术的作用之下，用户得以快速获取自己感兴趣的信息数据。互联网平台每天产生数以万计的信息数据，对于通信行业来说，如果依然固守传统，应用传统技术对各类数据进行分析和处理，通信崩溃发生频次将会大幅度提升，同时数据的安全性以及可靠性也难以得到有效保障，这样对于行业的发展建设显然是极为不利的。在大数据和云计算等技术的支持下，可以更好地针对通信过程中所产生的数据进行存储和分析等，移动网络运行能力得以更好保障，网络运行质量不会因为外界环境的变化而受到影响和干扰。技术人员通过深入研究分析数据信息内容，可以了解客户对于通信出现了哪些新需求，然后制定针对性的措施，满足用户需求，为用户提供更加优质的服务。

3. 提升行业信息化服务水平

当今社会现代化进程加快，各个行业的发展建设所面临的挑战可谓是越来越严峻，对于教育、金融、工业以及建筑等关系着国计民生的行业，必须积极落实信息化建设，这样才能使得相关行业获得更加高质量的提升，并提高广大民众的生活质量。但是，结合我国运营商客户服务提供的实际情况来看，其所应用的依然是通信通道与终端，通信行业的发展建设因此受到了巨大的影响和干扰。现代技术迅猛发展，各个行业对于智能化水平的要求可谓是不断提升，对于通信行业来说，其只有积极创新发展响应行业号召，才能获得更加长远的发展。大数据与云计算等技术的应用，可以助力通信行业更加严格地对各类数据信息进行审核、采集以及存储，可以有效保证数据的安全性与可靠性，进一步提升行业的信息化服务水平。

4. 提升数据处理效率

通过结合大数据和云计算对数据展开处理，整体数据处理效率得以显著提升。这种综合处理方法不仅使得对数据的进一步挖掘、优化和对计算机处理系统的改进变得更为高效，还对数据进行了巧妙的分割，将其划分成多个板块，从而推动了数据分析的有效实施。这一过程有效地提升了计算机在运行状态下的整体效率。这种综合处理的方式为大规模数据的处理提供了更为高效和灵活的解决方案，为计算机系统的运行性能带来了显著的改进。

5. 提升安全性

在通信行业中，大数据和云计算的应用为数据中心中的存储信息提供了极大的安全保障。在云计算的实施过程中，必须结合对数据资源进行自动调控的系统。通过充分利用云平台，能够对各类数据进行安全有效的备份。即便发生数据丢失的情况，也可以通过与云平台备份相结合来实现数据的快速恢复。在这种情况下，存储数据的安全性得到了显著提升。这种综合运用大数据和云计算技术的方式，不仅增强了数据中心的安全性，也提高了数据的可靠性和可恢复性，为通信行业的数据存储提供了更为可靠和高效的解决方案。

6. 有效开展数据整合

在 5G 环境中，人们能够通过各类终端进行沟通和交流，从而促进了大量用户数据的生成。在通信行业，通过充分利用大数据和云计算，可以强化数据整合并推动数据的集中存储。在这个过程中，用户在不自觉的情况下，会感受到整体体验的提升。这主要是因为在应用大数据和云计算技术时，能够对数据信息进行深入研究，从而为客户提供更为优质的服务。这种结合 5G 环境、大数据和云计算的方式，有助于提高通信行业对用户数据的整合和分析能力，进一步提升了用户在通信服务中的体验感。

6.2.3　大数据与云计算在通信行业中的应用展望

1. 总体架构

通信行业发展过程中要想更好地发挥大数据、云计算等技术的优势作用，首先就是要做好总体架构工作，立足于相关技术的实际应用需要，建立专业化的技术平台，解决好技术应用存在的问题与不足。一般来说，平台模块应当属于相互独立的分层结构，同时各个层次间要利用标准接口连接，或者也可以采用外部应用系统开发模式。在专业化技术平台的支持下，可以有效保证业务多样化，使得大数据以及云计算等技术能够灵活应用于多个平台。

2. 云服务

如今，我国移动通信运营商主要为中国移动、中国电信以及中国联通，这些通信运营商都开始应用大数据以及云计算等技术。借助云服务技术，通信运营商可以快速地获取用户信息，优化和改善服务质量，深入分析不同层次用户的需求，进而为用户提供更加优质的服务。按照用户不同需求，通信运营商可以为用户提供多层次的云服务，用户也可以结合自身通信需求购买相应的服务，这样可以有效优化用户体验。

3. 大数据获取

通信行业在应用大数据及云计算技术的过程中，要想使得自身所提供的各类服务更加优质，切实有效满足用户的需求，最为核心的就在于大数据获取。如果用户数据获取不够全面、深入，那么就可能会导致所提供的服务不具有针对性，这样对于行业的发展建设显然是极为不利的。大数据技术的应用使得通信运营商在获取用户信息时，可以迅速在海量数据中抓取到有价值的信息，进而使得其能够更好地把握用户需求，提高用户对于产品的满意度。当然，在进行大数据获取的过程中，也需要注意保护用户的隐私，如果用户隐私得不到有效保障，用户容易心生不满，不利于通信行业的良性发展。

4. 大数据挖掘应用

通信运营商在获取了用户数据之后，可以对其中有价值的信息进行深入细致的分析，然后在此基础上了解用户对哪些通信服务的黏性高、对哪些通信服务的满意度低以及认为哪些通信服务的作用小等，并在此基础之上改善自身服务，不断提升用户体验。借助大数据以及云计算等技术的支持，通信运营商还可以测量每天的哪些时间段属于流量高峰期，然后助力其对自身的网络资源配置予以优化，使得各项通信功能的稳定性与可靠性得到更好保障。同时，通过挖掘大数据蕴含的各类信息，还可以为通信运营商提供有价值的决策支持，帮助其更加理性地对自身生产经营活动进行战略部署，降低其运营期间可能会面临的各类风险，促使通信行业更加高质量的发展。

5. 数据安全保护应用

安全一直以来都是通信行业发展建设过程中所关注的焦点话题。做好数据安全保护工作，可以有效保障用户生命及财产安全，对于我国通信事业的可持续发展有着重要促进作用。大数据技术的大规模推广和应用，在收集到多种多样的用户数据信息的同时，也带来了较大的数据安全隐患。通信行业在应用大数据及云计算等技术的时候，应当进一步提高对安全的关注度，想办法加强通信行业的安全性与可靠性。当然，在通信行业发展过程中，也需要认识到数据安全保护是一项长期性的工作，其绝非一朝一夕能够做好的事情。在保障数据安全、优化用户体验的过程中，还需要联合其他部门携手努力，打击不法分子，提高震慑力，从根源上解决数据安全保护领域所出现的种种问题。

6. 构建数据分散模式

为了更好地提升数据处理能力，使得用户多元化的通信需求得到更好满足，保障数据通信的安全性与可靠性，发挥大数据及云计算等技术的优势作用，建立数据分散模型就显得极为有必要了。数据分散模式可以避免数据过于集中，导致通信系统崩溃的问题发生；可以有效减轻数据分析人员的工作强度，分散和降低风险；还可以有效联合其他技术，优化智能运行流程。数据分散模式对于通信行业的稳步发展有着重要的促进作用，比如，在用户使用各类移动客户端的过程中，除了通信运营商会收集用户信息之外，客户端的开发者也会收集用户信息，在数据分散模式下，通信运营商可以与其他企业联合，通过对用户数据进行研发和分析，从中提取出有价值的信息，然后为通信服务的优化提供有价值的参考。

7. 积极优化完善通信系统

在实际应用环节，要想使得大数据以及云计算机等技术高效稳定的应用，就需要获得大数据处理系统的支持。在处理大数据时，所涉及的数据量可以说是极为庞大的，而且数据的传输以及解析也需要花费一定的时间。通信运营商积极优化和完善通信系统，提高对各类数据的处理效率以及质量，可以从根本上保证数据应用的稳定性与可靠性，对于数据的高效率应用显然是极为有利的。

6.3　大数据与云计算在电商营销中的应用

电商企业在快速发展的同时，面对庞大客户群和多元化营销渠道，必须科学运用大数据和云计算技术以提高竞争力。大数据分析为企业提供深刻的用户洞察，使其能更精准地定制个性化营销策略，满足用户需求，提升满意度。云计算技术则为企业带来灵活的运营模式，减少运营成本，同时通过按需调整资源和数据分析支持，提升企业的决策敏捷性。大数据与云计算技术还有助于提升企业的市场竞争力。通过深度分析市场数据，企业能更好地了解竞争对手，并预测市场趋势，调整战略以保持竞争优势。最重要的是，这些技术的应用也提高了电商平台的安全性和用户隐私保护水平。通过建立安全可靠的数据系统，能确保用户信息不受攻击和泄露。总的来说，科学利用大数据和云计算技术对电商企业具有战略意义，不仅能提升运营效率，还能为企业带来创新和可持续发展的机遇。

6.3.1　电商营销概述

电商营销是一种通过电子商务平台实现的营销方式，通过收集和分析网上交易数据，可以改进产品设计，提升销售策略，实现更精准的营销目标。而大数据则是一种大型数据集，它可以提供关于用户行为、需求和市场趋势的洞察，帮助电商企业更好地了解市场和客户需求，从而制定更有效的电商营销策略。云计算则是一种基于互联网的计算资源，可以提供弹性的计算资源分配和费用分配，帮助电商企业在不需要大规模投资的情况下快速响应用户需求。例如，在需要增加服务器数量或更新软件系统时，电商企业可以通过云计算来实现。

6.3.2　大数据与云计算对电商营销产生的影响

1. 减轻数据积累

在电子商务领域，通常采用多种策略来增强消费者参与度，如促销折扣产品或特别活动。电子商务内部流量呈现显著波动。在没有专业技术支持的情况下，服务器在处理大量用户时可能会遇到拥塞或中断的问题。在没有云计算服务的情况下，电子商务平台必须建立自己的服务器来增强存储和计算能力。这给大多数电子商务企业带来了沉重的负担。许多电子商务实体在这种情况下都遇到了在开发和部署硬件或软件解决方案方面的困难，这导致了其总体投资的逐渐增加。硬件和软件的安装过程相对耗时，需要有针对性的设置和调试，而总体回报相对较小。电子商务中使用的软硬件需要基本的开发和维护，通常需要大量的人力和物力资源。

云计算技术的整合在解决这些挑战方面表现出效果。随着云计算技术的发展，它可以拓宽电子商务中涉及的资源，减轻数据积累或浪费的风险，并逐渐降低成本消耗。电子商务基本上是从在线购物平台延伸出来的，通过整合来自各个商家的产品信息来满足基本用户需求，并引入折扣商品或促销活动，电子商务平台可以吸引更多的用户关注。然而，电子商务流量的独特性使其可能在面对大量用户负载时导致服务器拥塞或中断。云计算技术的整合为电子商务提供了一种解决方案，可以在不同场景下灵活调整计算和存储资源，以提高整体运营效率。这不仅减少了硬件和软件解决方案的投资支出，还简化了安装和调试过程。在电子商务领域，软件和硬件解决方案的开发和维护是必不可少的，云计算技术的引入使这一过程更加高效。通过应用大数据技术，电子商务平台可以更深入地了解用户行为并提供个性化服务。随着云计算技术的成熟，电子商务企业可以灵活应对市场需求的变化，巩固其竞争地位。

2. 降低人力资源的应用

通过广泛采用云计算技术，创新的移动化电子商务平台应运而生，该类平台支持同时在电脑和移动设备上进行购物，积极推动了电子商务的发展并提供了卓越的安全保障。这类平台内融合了多样化的服务，成功地降低了运营成本，使用户能够轻松准确地找到所需物品，实现了时间的有效节约。云计算技术在移动端和服务器端的巧妙应用提升了服务器的维护功能，取代了传统的设备数据分析方式，使其不再受制于大数据的影响。云计算的应用有效地降低了电子商务服务的标准成本，并随着体系的不断完善，提升了服务进程的效率，从而降低了整体成本。这为电子商务带来了新的发展机遇，使其更好地适应了移动化的潮流，同时也提高了整个商业生态系统的运转效率。这类创新性的移动化电子商务平台展现了云计算技术在电子商务领域的巨大潜力。

3. 拥有个性化服务内容

在电子商务领域，商家通过定期更新平台信息和精准推销商品实现收益目标。云计算技术的广泛应用为商家提供了实时宣传和个性化服务的能力，满足了消费者日益多样化的需求。通过深度分析用户数据，云计算系统能够减少查询时间，帮助商家实现精准营销，从而促进电子商务的稳健发展。随着生活水平提升，消费者对个性化服务的需求不断增加，这推动商家更加注重技术创新，以满足不断演变的消费者需求。在竞争激烈的电商市场，商家应充分发挥云计算技术的优势，持续创新，迎合市场变化，以实现更卓越的经营效果。

6.3.3 大数据与云计算在电商营销中的应用展望

电子商务领域的发展过程中，大数据和云计算两种技术各自发挥了重要作用，并以此为基础构建了全新的营销模式。这种模式不仅提高了营销效率，还显著降低了各类问题的发生概率。在此基础上，需要进一步重视大数据和云计算技术，以构建更加完整的电子商务营销模式。这种对技术关注的加强将有助于提升整体行业水平，创造更加智能、高效的电子商务环境。因此，在电子商务领域的未来发展中，大数据和云计算技术将扮演着至关重要的角色，为电商企业提供更为可靠和创新的解决方案。

1. 大数据商品关联的挖掘营销

在电子商务领域，科学合理地采用大数据营销模式有望提升商品的相关性，进而拓展挖掘范围。通过合理保存原始数据信息，商品能够形成更为紧密的联系，从而确保电子营销的效果。其中，关联营销方式的应用，比如将纸尿布与矿泉水进行关联，可以提升电子商务的发展安全性和稳定性，实现商品之间的相互推荐，从而帮助企业达到理想的效果。在电商企业制定营销模式时，必须进行全面的数据信息分析与研究，以迅速明确用户需求，确保最终实现销量的目标。为更合理地采用大数据营销模式，企业需加强对商品关联性的挖掘，通过数据信息的深度分析逐步提高营销效果，确保商品销售模式具备更高的适用性，从而提高大数据营销的整体效果。这一科学的大数据营销方法不仅有助于满足用户需求，还能够为企业带来更广阔的市场空间和更为可观的经济效益。

2. 大数据社会的网络营销

在新时代的影响下，成熟发展的大数据商务模式紧密结合时代特征，形成系统化的营销模式。为了保证电子商务的质量，商家需要更加重视大数据技术的应用，强化消费者体验，以进一步提高收益。社会性媒体的全面发展加深了群众对数字化和信息化的认知，这有利于电子商务的稳定发展，为网络营销提供了广阔的空间。从电子商务企业的角度来看，必须全面认识大数据技术的重要性，合理运用各类网络技术进行产品营销，逐步提高企业的经济效益。这一全面的认知和合理应用将有助于电子商务在大数据时代的更好发展，提升企业在市场中的竞争力。

3. 结合云计算技术提供进阶服务

考虑到互联网技术的迅猛发展，云计算和大数据已经成为社会稳定发展的不可或缺的关键因素。在信息化产业中，这些技术呈现出多样化特征，具有时代性和重要性。作为主要的技术手段，大数据和云计算需要更深入地了解基本的计算架构。随着技术的成熟，大数据和云计算的销售模式也备受关注。

云计算作为一种新的计算模式，为用户提供了便捷的存储服务，在交互服务方面发挥着重要的作用。相对于传统的模式，云计算能够完成数据的存储，并提供更为重要的数据信息，为网络营销平台提供了多元化的服务。云计算是一种新的数据信息管理方式，积极促进各类资源活动。在应用云计算技术时，需要全面考虑数据信息的安全性，以确保数据信息的管理是合理且安全的，这有助于电子商务等领域更好地适应社会的稳定发展。这种对云计算技术的全面考虑和科学应用将为不同行业的发展提供有力的支持，推动社会的信息化水平不断提高。

6.4 大数据与云计算在智慧校园中的应用

目前，传统校园信息化建设在优化校园管理方面仍存在一些缺陷，大多数校园应用系统都需要独立建设服务器、数据库以及展现层，尽管如此也能提高校园的信息化建设程度，但在使用逻辑和功能发挥上仍存在较多问题，例如极易造成信息数据丢失、维护管理不当等问题。在校园的基本建设中应用云计算和大数据技术，能够加快提升校园信息化管理水平，促进校园的智能化发展，还能扩张校园的管理范畴，提升校园管理的实效性，完善院校的有关对策，不但有益于学员的学习，还有益于提升课堂教学的方式，推动院校的总体发展。

6.4.1 智慧校园概述

"智慧校园"指的是通过物联网、互联网等信息技术来创建一种全新的校园学习生活一体化环境。智慧校园采用当前最先进的物联技术、大数据技术、云计算技术、社交媒介平台、信息化管理平台、知识管理平台等，致力于为全校师生打造一个更优于数字化的校园环境。学生可通过网络开展随时随地泛在化的学习，丰富知识积累、强化学习能力；高校日常教务管理工作也变得高效率、透明化起来，文化生活越来越丰富多样，促使校园越来越物联化、智能化、便捷化、信息化。智慧校园的特征是校园所有信息数据可实现高度共享，高校可将各种信息数据进行快速有效的收集、整理并分享到信息服务平台上，以供广大师生查询和使用；大数据及云计算技术则可精准高效地将海量数据进行存储、计算和分析，师生在查找相关数据时即可快速方便地获取。此外，智慧校园的构建促使高校日常教务管理工作更为透明化，实现了教务系统的全面普及应用，帮助所有教职人员、学生都可及时掌握校园动态。

6.4.2 大数据与云计算对智慧校园产生的影响

将大数据和云计算技术融合应用于高等院校教育教学，是一项具有前瞻性和战略性的措施，为信息规划提供了强有力的技术支持，挖掘了丰富的教学资源，同时构建了资源应用平台，从而促进了师生之间更为密切的互动关系。这一融合不仅仅是技术的升级，更是教育体系的创新和变革，为高等院校在数字化时代的发展提供了全新的动力和方向。

随着校园信息化管理不断发展，我们迎来了智慧校园时代，而大数据和云计算的协同应用成为推动校园发展的强大引擎。云计算技术的引入解决了以往数据存储方面的难题，但在数据统计和分析方面仍存在一些挑战。在大数据时代的背景下，通过云计算系统的加速统计分析，高校能够更迅速地获取实时数据，为决策提供更为准确的支持。而融合大数据和云计算技术，则为高校提供了更加灵活和高效的工具，使教育管理者能够更直观地了解用户需求，更灵活地运用丰富的教学资源，以提高整体运营效益。

这一融合应用的优势不仅仅在于提高了教育管理的效率，更在于为教育教学提供了更加智能和个性化的服务。通过深度数据分析，高校能够更好地了解学生的学习需求、兴趣特点，有针对性地进行教学设计和资源推荐，提高教学的针对性和吸引力。教师可以更加灵活地调整教学方法，更好地满足学生的个性化需求，从而提高课堂效果。

未来，融合大数据和云计算技术的高校将更加注重资源服务的个性化和定制化。教育者将更深入地参与资源数据平台和服务评价，通过实时的反馈机制，不断优化和完善教育服务。这种更为主动的参与模式将推动整个教育体系更好地适应社会的发展和学生的需求，促使教育模式更加灵活、高效。大数据和云计算的融合应用为高等院校教育带来了更多可能性，同时也为构建更加智能、便捷的教育环境，培养更适应未来社会需求的人才奠定了坚实基础。

6.4.3　大数据与云计算在智慧校园中的应用展望

1. 应用系统及平台的建设

在当今校园中，大数据和云计算技术的广泛应用已经成为构建智慧校园的核心要素。这些先进技术通过数据信息管理系统和互联网教育平台的巧妙运用，深刻地改变了传统的教学方式，为学习拓展了全新的范畴和空间，使得学习不再受制于时间和地点的限制。互联网技术的资源传递性使得学生能够在网络上获取丰富的信息，从而促进了自主学习，提高了学习效率，培养了学生的思维能力和探究精神，充分发挥了数据化技术的巨大优势。

除此之外，这些技术紧密联系着学生、教师和整个校园，全方位地掌握课堂教学任务，实现对学员的更为精准的督查。数据化技术不仅仅是信息的传递者，更创造了一种崭新的交互模式，将学生和学校各方面更为直接、简便、可控地联系在一起，为学校的管理和教学提供了全面支持。这种创新的方式为学生提供了更为灵活、个性化的学习体验，使整个教育过程变得更加高效、更加富有成效。

在这一智慧校园的构建过程中，大数据技术通过精准地分析学生的学科兴趣、学习方式和进度，为个性化教学提供了坚实的基础。学生可以根据自己的兴趣和学科需求选择适合自己的学习路径，从而更好地激发学习兴趣，提高学业成绩。同时，云计算技术为学校提供了高效的数据存储和处理手段，使得校园内的信息能够更为迅速地流通和更新，为教师和学生提供了更为便捷和实时的信息服务。

这一整合大数据和云计算技术的智慧校园极大地提升了教育教学的质量和效率。教育者可以更全面地了解学生的学习状况，通过数据的分析和反馈，更好地指导学生，促使他们充分发挥潜能。这同时也为教师提供了更为便捷和精确的管理工具，使得教学任务能够更加有序和高效地进行。整个智慧校园的建设，既是对传统教育的革新，也是对现代技术的充分应用，为培养更具创新力和适应力的新一代学生奠定了坚实的基础。

2. 构建智能学习环境

将大数据与云计算技术应用于智慧校园建设，为构建智能学习环境带来多方面的益处。通过这些技术，学生得以在智慧校园平台上轻松查找和下载所需的学习资源与课程教学内容，同时，老师也能方便地上传教学视频和拓展资源，从而更好地满足学生的学习需求。这种即时获取和分享的方式不仅提高了信息传递的效率，也使学习过程更加灵活和自主。

通过创建云课堂，教师能够克服传统教学中的时间和空间限制，实现随时进行随堂测试的便利。这种灵活性不仅提高了教学效果，还为学生提供了更加个性化的学习体验。学生可以根据自己的兴趣选择学习内容，实现学习活动的智能化，从而更好地激发学习兴趣，提高学业成绩。

通过在教室安装摄像头实时监测学生学习状态,可以帮助老师更全面地了解学生的听课状态。通过收集和分析这些数据,可以进行有针对性的教学优化和改进。这种实时监测不仅为教师提供了更多的反馈信息,也为学校领导和教学管理部门提供了数据支持,有助于提升整体课堂教学品质。

这种智能学习环境不仅提高了教学效率,也为学生提供了更为个性化、灵活和自主的学习体验。通过充分利用这些先进技术,学校能够更好地适应当今信息时代的教育需求,培养更具创新能力和适应力的新一代学生。

3. 创设数据集成和共享平台

在智慧校园的建设中,一种常见的应用方式是将云计算技术与大数据技术有机结合,构建数字化集成与共享平台。通过对校园内各类数据信息的收集、分析和整合,智慧校园平台为教师和学生提供了更为高效的信息传递和更广泛的共享范围。这一新模式改变了传统的"个体构建智慧校园"的不良情况,打破了内部信息的封闭性,使得教师、学生和管理人员能够在任何时间和地点都能获取平台中的数据信息,实现了更加灵活和便捷的信息共享。

这种数字集成与共享平台的整合不仅提升了信息传递的效率,还促进了校园内部各方面信息的互通与共享。教师可以更迅速地获取学生学习情况,有针对性地进行教学调整;学生也能够更便捷地获取教学资源和课程信息,提高学习效果。此外,管理人员也能够更加高效地管理校园资源,实现校园运营的智能化和精细化管理。

4. 强化校园管理

在智慧校园的建设中,将云计算技术与大数据技术相结合的应用不仅满足了学术研究的需求,还在校园管理方面取得了显著的成果。首先,引入人脸识别技术进行考勤,构建智能考勤板块,实现全面、精准的学生出勤记录,提高考勤准确性,从而有效节省教学时间。其次,将动态人脸识别技术与校园大门的闸机系统相连接,实现学生的无感知人脸识别与考勤,同时加强校园安全管理,自动进行人员权限判定和黑名单监测,实现校园出入口的自动化管理，以确保校园及学生的安全。最后，利用大数据技术和云计算技术对院校财务数据进行挖掘、分析与整合，准确把握校园财务状况，为院校的财务决策提供有力支持。

这一综合应用提供了更高效、便捷的解决方案，不仅提升了学生考勤管理的精确性，还增强了校园的安全性。通过动态人脸识别技术，不仅提高了工作效率，也降低了考勤的操作难度。

6.5　大数据与云计算在智慧城市建设中的应用

建设智慧城市不仅能够有效解决交通拥堵、环境恶化、资源紧张等"大城市病"，也能促进产业升级、经济转型，进而推动经济高质量发展。在智慧城市建设过程中，应用大数据和云计算技术，对城市中的各类资源进行精准化、智慧化配置，可以实现对城市资源的合理化利用。

6.5.1　智慧城市概述

智慧城市是通过智能计算技术使城市的关键基础设施的组成和服务更智能、互联和高效，促进城市可持续发展和居民生活水平不断提高。"智慧城市"是不断发展的理念，以大数据、云计算等为代表的新一代信息技术的出现，使"智慧"被赋予了新的内涵，"智慧城市"建设的范围和内涵也进一步拓展。城市中的物理基础设施、信息基础设施、社会基础设施和商业基础设施将被联结起来，成为新一代的"智慧化基础设施"；城市中的交通、能源、商业、政务、人员等不同领域、子系统间的数据也将进一步交汇和融合，形成真正的"大数据中心"；新的业态和新的商业模式层出不穷，各种融合式创新不断涌现。智慧城市作为一种新型城市建设理念，不仅有利于提高城市资源的使用效率，而且通过城市管理的智慧化还能有效提高城市治理水平，增强市民的幸福感。

智慧城市是城市信息化向智慧化发展的必经阶段，同时在建设智慧城市过程中也会带动相关产业整体发展，成为产业升级、经济转型、城市提升的新引擎。智慧城市作为一种新型城市建设理念，对推动城市绿色可持续发展具有非常深远的影响和意义。

智慧城市的概念在我国的城市规划中首次亮相于 2013 年。这一概念的提出，标志着我国城市建设进入了一个新的发展时期。政府为了推动智慧城市建设，相继发布了一系列支持政策，为这一新型城市模式的发展提供了坚实基础。这些政策的逐步制定，不仅在国家层面构建了智慧城市政策体系，而且在各地政府中得到了积极的响应。

在全国范围内，80% 以上的城市推出了智慧城市、大数据和信息化建设专项方案，形成了初步的智慧城市体系。这些专项方案涵盖了城市各个方面，从基础设施建设到公共服务的提升，再到信息技术的广泛应用，为智慧城市的全面发展提供了全面而系统的指导。这些方案的制定不仅是对国家政策的贯彻执行，更是各地政府积极行动的具体体现。

近年来，各地智慧城市建设文件逐渐细化，不断深化政策措施，从而促使智慧城市建设向更加具体和清晰的方向发展。这些文件进一步明确了城市规划、科技创新、数据治理等方面的细节要求，为城市的智能化发展提供了更为详尽的指引。这种细化的趋势有助于各级政府更好地推进智慧城市建设，确保其实现既定目标。

这些政策的不断深化和智慧城市建设的逐步推进表明，智慧城市已成为我国城市建设的主导方向。这一趋势不仅在国内取得了初步成果，而且也展现出较强的发展潜力。随着智慧城市理念的深入人心，我国城市将更好地迎接未来的挑战，创造更加宜居、宜业、宜游的城市环境。

建设智慧城市除了完善配套的基础设施之外，还应注重现代化科学技术的运用。大数据和云计算技术作为一种先进的信息技术，目前已经广泛应用到智慧城市的建设过程中，帮助构建一个完善、便捷、高效的城市综合管理系统，实现对城市智能化的管理，从而促进城市更加高效、健康的发展。

6.5.2　大数据与云计算对智慧城市产生的影响

智慧城市的构建旨在利用信息技术来提升城市的管理、运营和服务能力，以提高城市的可持续发展和居民的生活质量。而云计算作为一种先进的信息技术手段，在智慧城市建设和管理中起到了重要作用。本节将分析大数据与云计算对智慧城市建设与管理的影响，并探讨其所面临的挑战。

1. 对智慧城市建设的影响

可提供强大的计算能力。云计算基于大数据技术，可以实现对大规模数据的高效处理和分析，进而为智慧城市的建设提供强大的计算能力。通过大数据与云计算技术，智慧城市可以实时收集、存储和分析感知数据，从而实现智能交通、智能安防、智慧环保等方面的创新应用。

可构建灵活的城市基础设施。云计算可以通过虚拟化技术和云资源的弹性调度，为智慧城市的基础设施提供灵活而可靠的支持。通过大数据与云计算技术，城市管理者可以根据实际需求快速调整城市的计算、存储和网络资源，提高资源利用率和运行效率。

可实现城市各部门的协同工作。大数据与云计算技术可以实现城市各部门之间的信息共享和协同工作，促进城市管理的一体化和高效化。通过云计算平台，不同部门可以实时共享数据和信息，加强协作，提升决策效果，从而为市民提供更好的公共服务。

2. 对智慧城市管理的影响

可强化城市数据管理和分析能力。智慧城市生成大量的数据，而大数据与云计算技术可以提供高效的数据管理和分析能力。通过云计算平台，城市管理者可以对大规模的数据进行实时分析，并获得有价值的信息和见解，从而做出更科学、更合理的城市管理决策。

可提升城市服务的质量和效率。智慧城市的建设旨在提升城市居民的生活质量，而大数据与云计算技术可以为城市服务提供更高质量和更高效率的支持。通过大数据与云计算技术，城市可以实现智能交通、智能医疗、智慧教育等创新服务，为市民提供更便捷、更舒适的生活体验。

可加强城市风险管理和安全保障。智慧城市面临各种风险和安全威胁，而大数据与云计算技术可以通过强大的计算和存储能力，加强城市的风险管理和安全保障。通过大数据与云计算技术，城市可以对安全事件进行实时监测和预警，及时采取措施应对风险，保障居民的生命财产安全。

6.5.3　大数据与云计算在智慧城市中的应用展望

基于大数据与云计算技术的强大功能，在智慧城市建设与发展中应用大数据与云计算技术，通过对城市多源、多维数据进行实时采集和动态分析，能够协助决策者制定科学有效的解决方案，及时改进智慧城市建设过程中产生的问题和存在的缺陷，进一步为市民提供全方位的便捷服务，推进智慧城市的发展。下面对大数据与云计算技术在智慧城市建设方面的具体应用进行介绍。

1. 在民生服务领域的应用

在民生领域，可利用大数据与云计算技术，构建一个完善、便捷、高效的民生服务系统，为市民提供实实在在的便民服务。目前，大数据与云计算技术和民生领域深度融合的方式主要以"1+N"服务模式为主。"1"是指建立一个综合性大数据网络平台，"N"是指政务、医疗、就业、教育等民生方面的服务项目。将"N"个服务项目一并纳入"1"这个大数据网络平台，实现服务便民化和对各类数据的汇总与分享。运用云计算技术对大数据网络平台汇总的数据进行深度挖掘，确定民生服务领域中的热点和痛点，据此完善服务流程，改进服务手段，精准对接供需双方，形成一站式快捷服务。

（1）在政务服务领域的应用

在政务服务领域，首先，要打通各业务系统之间的数据堡垒，创新及优化政务服务模式，实现前台统一受理，后台分类审批，最大限度地简化业务办理流程，形成一体化政务服务模式，全面推进"全程网办"的进程；其次，要构建网络服务平台，完善自助便民服务体系，丰富市民政务办理渠道，让市民不用出门便可进行政务服务事项的网上申报，包括证件办理、自动化政策咨询、诉求反馈等，为市民提供全天候、多渠道的优质化政务服务，全面促进政务服务质量和效率的提升；最后，还要进一步强化政府各部门信息协同能力，提升政务领域信息的公开度和透明度。

此外，政府应用大数据技术综合分析与研究各类政务数据，能够及时挖掘和预测各种突发性社会事件，从而提前制定科学化、精细化的应对措施，最大限度地降低对社会造成的影响，提高政府应对突发事件的预测能力和应对能力。同时，政府可利用云计算技术，对各类政务信息数据进行统一管理，实现政府内各部门之间的数据资源共享，避免重复建设情况的发生，从而最大限度减少财政资金的支出，不仅有助于政府对财政资金进行合理管控，还能有效提高行政办公效率。

（2）在医疗健康领域的应用

利用大数据与云计算技术，构建市域内的互联网健康医疗云平台，为全体市民提供一体化医疗服务。该平台可以进行预约挂号操作，也可免费在线咨询专家进行诊疗，还能查询电子版的病历记录。总之，一切与医疗领域相关的活动都可以通过该平台实现。

不仅如此，还需要构建一个完善的医疗信息数据库，一方面，要将全市范围内的患者医疗信息输入到数据库中；另一方面，要通过智能手环或生物芯片等智能设备，将实时监测到的人体生理数据上传至数据库。医疗机构共享市民的就诊数据，便于对患者进行全方面、多角度的分析与研究，为市民提供更加高效便捷的医疗服务，从而提升市民的幸福感。此外，还可以利用大数据技术，对其人体生理数据和疗效数据进行精准化分析，构建个人健康医疗画像，对市民的健康状况进行密切跟踪，进行相应的健康管理，如疾病防治、合理性的药物发放等。

同时，大数据与云计算技术也被用于公共卫生领域。利用大数据与云计算技术，对全国范围内的所有医疗信息，包括就诊数据、健康数据、用药数据等，进行深入分析与挖掘，可以提早检测和预测出疫情的动态变化，便于相关部门及时作出反应，不仅可以提高政府面对公共卫生突发事件的应对能力，还能有效阻止疫情大面积蔓延。

由此可见，在医疗领域应用大数据与云计算技术，不仅可以有效解决市民各种看病难的问题，还可以为分级诊疗难的问题提供重要参考数据。

（3）在教育服务领域的应用

在智慧城市教育领域中应用大数据与云计算技术，可以丰富教育资源，加强对学生学习的管理，从而提高学习效率和教学质量水平。具体来说，在教育服务领域应用大数据与云计算技术，可以实现以下几点。

一是打造云教育学习平台，汇集学习资源，丰富教学模式。利用大数据与云计算技术，构建市域教育云学习平台，汇集全市优质的教育资源，如各科目教学名师的讲课视频、优秀教案、试题集等，从而实现教育资源的拓展与共享，提高教育公平性。同时，云教育学习平台还能为学生提供全天候、多种学习服务，包括音视频点播、智能问答、云直播等。有了云教育学习平台，学生可以彻底摆脱传统课堂的局限，不再受空间、时间的限制，学生可根据自身学习需求，合理安排学习时间。

二是分析学生学习行为，提供有针对性的教学服务。云教育学习平台可以记录、汇总学生的学习数据和考试数据，据此挖掘学生学习的规律和特点，及时掌握学生的学习情况，进而为学生制定个性化的学习计划，增强学生学习的针对性和有效性。

三是根据学生的反馈信息，提高教师的教学能力和水平。利用云教育学习平台对学生的各种学习信息进行收集和统计，包括学习行为、学习成绩等信息，及时对每位学生存在的问题进行科学诊断，老师便可结合诊断结果，寻找自身存在的不足，优化教学方案，改进教学方法，丰富教学手段，从而高质量、高效率地实现教学目标。

此外，可以通过利用大数据与云计算技术综合分析各类教育数据，包括教育经费分配情况、教育机构分布情况，以及学生入学、退学及转学情况等，为教育管理提供科学可靠的决策依据。

2. 在城市综合治理方面的应用

基于大数据与云计算技术强大的功能，在城市综合治理方面应用大数据与云计算技术，犹如为城市建设安装了一个智能化、全面化、精细化的"大脑",从而对城市建设与发展过程中产生的多源多维数据进行实时采集和动态分析,包括交通数据、地图数据、视频监控数据、环境与气象数据等,以此了解和掌握城市发展趋势和规律,及时挖掘和改进城市建设过程中产生的问题和存在的缺陷,为城市居民提供全方位的便捷服务,进一步推进智慧城市发展与进步。大数据与云计算技术在城市综合治理方面的应用主要有以下几个方面。

(1)治理城市交通拥堵问题

对于城市建设和发展,交通的重要性不言而喻,它是保障一个城市正常运行必不可少的基础设施,因此,非常有必要对城市交通进行科学化、合理化的管理。阻塞、交通事故是城市交通运转过程中经常出现的问题,这些问题的存在,一定程度上影响了城市发展。智慧交通可以在很大程度上减少以往城市交通中存在的问题。在城市交通管理中可以应用大数据与云计算技术,通过对城市交通中的各类信息进行全面分析,包括道路信息、车流量、GPS等信息,预测该城市的出行规律,并将预测结果信息上传至相关管理部门,相关管理部门以预测信息为依据,制定与之相符的应对措施,进一步改善及优化城市交通情况,全力打造智慧型城市交通。大数据与云计算技术在实际应用中,通过实时监测城市交通运转过程中的各类信息,了解和掌握城市交通中每个时间段的车流量,从而对交通信号灯的响应时间进行合理调整,即便在无人调控的情况下,也依然可以实现对交通信号灯进行智能配时,进而充分发挥交通信号灯在城市交通中的疏导作用,在提高智慧交通管理效率的同时,缓解城市交通压力。

此外,利用大数据与云计算技术,还能对整个城市的交通情况进行实时监控及智能分析,从而对城市中某一局部路口的道路交通情况进行精准预测,根据系统反映的实时路况信息,为市民出行提供最便捷的路线。在出行过程中,市民可根据实时路况信息,自动变更行车路线,绕开交通拥堵路段,确保一路畅通无阻,这不仅可以节省大量出行时间,而且能最大限度地降低出行成本,还可为车辆停车提供有效引导。对交通事故而言,可通过大数据做出提前预警,为交警处理突发事故提供可靠数据支持,以此提高交警部门应急处理能力，及时治理因交通事故引发的道路拥堵问题。同时，还可以利用大数据与云计算技术，对历史交通运行数据进行全面统计与分析，将事故多发道路等应急信息及时发布到交通平台上，以便第一时间对车辆进行合理化分流。此外，利用大数据与云计算技术，可对智慧城市中的交通路网进行完善与优化，为城市居民日常出行提供及时准确的交通信息，提高城市交通管理水平和质量，确保智慧城市交通有条不紊地运转。

（2）环境污染预警和监控

在智慧城市环境治理方面，可以应用大数据与云计算技术打造集风险预警、环境质量监测和应急处置于一身的环境质量监测系统。通过该系统对城市环境污染和生态破坏情况进行实时检测和综合分析，包括城市中的空气质量、水资源污染程度、噪声污染情况、辐射水平等多方面城市环境信息。根据实时检测的环境信息，可以智慧化、精细化地进行环境质量管理和环保执法。此外，通过利用大数据与云计算技术，可以实现环保信息的实时共享，通过对大量环保数据信息进行建模分析，及时发现城市中的各种污染问题，并针对污染问题进行追根溯源与分析，为政府环境污染治理提供可靠依据，从而快速制定解决方案。

大数据与云计算技术在环境质量数据交换和共享中发挥着巨大的作用，通过对城市及其周边地区的环境和生态问题进行全面综合分析，从而制定出科学有效的综合防治措施，确保城市实现绿色可持续发展。

（3）在公共安全领域的应用

城市安全问题是实现城市稳定长足发展的前提和基础，确保城市安全是城市治理的重要内容。在城市安全管理中，应用大数据与云计算技术，可以对城市中潜在的危险和隐患做出准确的预测和判断，并结合实际情况，为决策者提供准确可靠的数据信息，辅助制定行之有效的解决方案。具体来说，大数据与云计算技术在智慧城市公共安全领域中的应用主要体现在以下 4 个方面。

一是社会舆情管理和监测方面：首先收集各网络平台中的各类群众舆情

信息，形成舆情大数据。然后应用大数据与云计算技术对其进行建模分析，预测和判断舆情发展走向，并采取相应措施避免危机事件发生。

二是管网安全监测方面：各种地下疏通管道作为智慧城市建设与发展中不可或缺的基础设施，包括自来水管道、电力管道、燃气管道等，不论哪一类型管道出现问题，均会对居民生活造成严重影响，甚至还会危及居民的人身安全。利用大数据与云计算技术，可以实时监测和智能分析各类管道中的运行情况，包括流量、温度、压力等信息数据，及时挖掘和精准定位城市管网中存在的问题，第一时间发出安全预警，便于相关人员及时作出响应，采用合理的应对措施消除管网中的安全隐患。

三是人流预警监控方面：在重要节假日或重大活动期间，往往会有大量人员聚集，这也是城市平稳运行的安全隐患之一。利用大数据与云计算技术，可对人流量较大的区域进行实时监控，并根据监测到的数据信息实时向广大市民发布人流预警提示。同时，能够为公安部门开展人流聚集区的安全管理提供可靠的决策依据，便于公安人员对现场指挥进行合理调度，对人流聚集区内的警力进行科学部署和调配，有效防止重大安全事故发生。

四是流动人口登记方面：构建大数据城市流动人口服务平台，对智慧城市中的流动人口进行实时化、动态化的分析。通过深度处理、挖掘海量数据，能够将城市内周期性流动人口的动态分布情况直观、生动、形象地展示出来，为流动人口登记提供准确的参考依据，解决智慧城市流动人口登记过程中信息误差大、更新不及时等问题，提高流动人口登记效率和准确性。

参考文献

［1］韩义波. 云计算和大数据的应用［M］. 成都：四川大学出版社，2019.

［2］刘宁，钟莲，赵飞. 云计算与大数据的应用［M］. 北京：北京工业大学出版社，2010.

［3］陶皖. 云计算与大数据［M］. 西安：西安电子科技大学出版社，2017.

［4］王雪瑶，王晖，王豫峰. 大数据与云计算技术研究［M］. 北京：北京工业大学出版社，2019.

［5］梁凡. 云计算中的大数据技术与应用［M］. 长春：吉林大学出版社，2018.

［6］邓立国，佟强. 云计算环境下 Spark 大数据处理技术与实践［M］. 北京：清华大学出版社，2017.

［7］李丽萍. 大数据时代云计算技术的发展应用［M］. 西安：西北工业大学出版社，2021.

［8］宋帅. 大数据技术的应用研究［J］. 信息记录材料，2023，24（08）：198-200.

［9］朱孔村. 大数据发展现状与未来发展趋势研究［J］. 大众科技，2019，21（01）：115-118.

［10］田铁刚. 大数据的特点及未来发展趋势研究［J］. 无线互联科技，2018，15（09）：61-62.

［11］闫树. 大数据：发展现状与未来趋势［J］. 中国经济报告，2020（01）：38-52.

［12］王俊皓. 大数据技术的发展现状和未来趋势［J］. 中国新通信，2020，22（21）：33-35.

［13］张浩，庞艳艳，韩梅梅. 云计算技术发展分析及其应用探讨［J］. 农村经济与科技，2020，31（16）：291-292.

［14］韩丹萍. 云计算技术现状与发展趋势分析［J］. 无线互联科技，2019，16（21）：7-8.

［15］杜蕊. 云计算技术发展的现状与未来［J］. 中国信息化，2021（04）：44-45.

［16］于世泽，韩恺敏，许宏如. 云计算在企业发展中的应用分析［J］. 数字通信世界，2021（09）：190-191.

［17］舒俊. 云计算在物联网领域的应用研究［J］. 中国高新科技，2023（02）：109-111.

［18］侯山. 云计算在职业教育领域中的应用探讨［J］. 科技风，2015（24）：118.

［19］杜向华，朱留情. 大数据云计算环境下的数据安全问题与防护研究［J］. 数字通信世界，2023（09）：23-25.

［20］柳润琴. 基于大数据技术的数据安全分析及研究［J］. 中国新通信，2023，25（16）：120-122.

［21］邓湘勤，丁朋鹏. 大数据云计算环境下的数据安全分析［J］. 网络安全技术与应用，2023（08）：59-60.

［22］吕刚. 大数据与云计算在通信行业中的运用分析［J］. 数字技术与应用，2023，41（09）：66-68.

［23］王磊，田茂琴，古荣龙. 大数据及云计算技术在智慧校园中的应用研究［J］. 长江信息通信，2021，34（12）：105-107.

［24］吕志峰. 智慧校园中大数据及云计算技术的应用［J］. 电脑知识与技术，2021，17（35）：25-26.

［25］刘丹，周贝，任浩然等. 云计算结合大数据技术在智慧校园中的运用探讨［J］. 信息记录材料，2023，24（06）：188-190.

［26］任立锋. 大数据与云计算技术在智慧校园中的应用［J］. 集成电路应用，2023，40（09）：98-99.

［27］张相贤. 大数据和云计算技术在智慧城市建设中的应用分析［J］. 商展经济，2023（01）：112-115.

［28］李杰. 大数据和云计算技术在智慧城市建设中的应用［J］. 网络安全技术与应用，2023（02）：102-103.

［29］葛维亮. 大数据和云计算技术在智慧城市建设中的应用分析［J］. 长江信息通信，2023，36（07）：232-234.

［30］张春霞. 云计算与大数据技术在移动电子商务中的应用［J］. 信息与电脑（理论版），2021，33（09）：22-24.

［31］阳佶锦. 大数据云计算技术在电商营销中的应用［J］. 全国流通经济，2023（07）：52-55.

图书在版编目（CIP）数据

大数据与云计算技术 / 蒋欣欣，孔婷著 . -- 湘潭 ：
湘潭大学出版社，2024. 6. -- ISBN 978-7-5687-1488-4

Ⅰ . TP274；TP393.027

中国国家版本馆 CIP 数据核字第 2024BX8611 号

大数据与云计算技术
DASHUJU YU YUNJISUAN JISHU

蒋欣欣　孔婷　著

责任编辑：唐小薇　　王亚兰
封面设计：木景宇
出版发行：湘潭大学出版社
社　　址：湖南省湘潭大学工程训练大楼
电　　话：0731-58298960 0731-58298966（传真）
邮　　编：411105
网　　址：http://press.xtu.edu.cn/
印　　刷：长沙印通印刷有限公司
经　　销：湖南省新华书店
开　　本：710 mm×1000 mm 1/16
印　　张：13.5
字　　数：214 千字
版　　次：2024 年 6 月第 1 版
印　　次：2024 年 6 月第 1 次印刷
书　　号：ISBN 978-7-5687-1488-4
定　　价：68.00 元